GAOXIAO JIANKANG
YANGNAINIU
QUANCHENG SHICAO TUJIE

养殖致富攻略

高效健康

养奶牛

全程实操图解

张效生　主编

中国农业出版社
北　京

图书在版编目（CIP）数据

高效健康养奶牛全程实操图解/张效生主编．—北京：中国农业出版社，2018.10
（养殖致富攻略）
ISBN 978-7-109-23549-6

Ⅰ.①高…　Ⅱ.①张…　Ⅲ.①乳牛－饲养管理－图解　Ⅳ.①S823.9-64

中国版本图书馆 CIP 数据核字（2017）第 283652 号

中国农业出版社出版
（北京市朝阳区麦子店街 18 号楼）
（邮政编码 100125）
责任编辑　张艳晶

北京通州皇家印刷厂印刷　　新华书店北京发行所发行
2018 年 10 月第 1 版　　2018 年 10 月北京第 1 次印刷

开本：720mm×960mm 1/16　　印张：14.75
字数：235 千字
定价：45.00 元
（凡本版图书出现印刷、装订错误，请向出版社发行部调换）

编写委员会

主　编　张效生

副主编　张学炜　张金龙

编　者　张效生　张学炜　张金龙

　　　　冯建忠　王英珍　孙英峰

　　　　张建斌　王丽学　房　义

　　　　白　海　崔茂盛　张克刚

　　　　刘玉堂

前　言

近年来，中国奶业加快发展，牛奶生产能力稳步增长，位居世界第三位，生产方式实现了规模化生产模式转变，牛奶质量安全得到全面提升，奶业法规制度建设日趋完善，奶业已成为现代农业和食品工业中最具活力、增长最快的产业之一。同时，奶业也成为优化畜牧产业结构、促进农民增收、改善国民身体素质的重要产业。

科学养奶牛已成为推动奶牛养殖业快速进步的主要动力，特别是加快广大农村奶牛养殖生产者的知识更新，提升饲养管理理念更为迫切。有效解决农村奶牛养殖科技推广滞后、生产效率低下的问题将对推动整个奶业发展具有重要意义。

基于当前我国奶牛养殖的发展现状和养殖新技术的不断更新，我们结合工作实践，收集、汇总了近年来国内外奶牛饲养的先进技术，以图文并茂的形式，简单明了地介绍了奶牛饲养的整个过程及各生产环节的实用技术。以期为广大农户提供简明、实用的奶牛养殖技术，以提高奶牛的养殖水平，增加经济效益。

书中不妥和缺陷之处在所难免，敬请广大读者批评指正。

编　者

2018 年 8 月

目 录

一、奶牛业生产现状及相关政策标准

目标
- 了解奶牛业生产现状
- 了解奶牛业发展相关政策与养殖生产标准

1. 奶牛业生产现状

近年来，中国奶业加快发展，已成为现代农业和食品工业发展中最具活力、增长最快的产业之一。奶业生产能力保持了不断提升的增长态势；生产方式向规模化、标准化养殖模式转变；相关奶业法制、法规逐渐完善，产品质量安全实现全面提升；中国乳企不断走出国门，国际竞争力日益增强。

▶ 中国奶业在国民经济中的地位

见表1-1。

表1-1　中国奶业在国民经济中的地位

单位：亿元

年份	奶牛养殖业	畜牧业	比重	乳品工业	食品制造业	比重
2010	1 120.00	20 825.73	5.38	1 882.00	11 350.64	16.58
2011	1 219.00	25 770.40	4.73	2 294.17	14 046.96	16.33
2012	1 335.20	27 189.40	4.91	2 469.93	15 859.56	15.57
2013	1 454.40	28 435.00	5.11	2 831.59	18 164.99	15.59
2014	1 541.00	28 956.30	5.32	3 297.73	20 399.89	16.17

数据来源：2016中国奶业统计摘要。

▶ 中国奶业在世界奶业中的地位

见表 1-2。

表 1-2 中国奶业在世界奶业中的地位——牛奶产量

单位：百万吨

国家	2010 年	2011 年	2012 年	2013 年	2014 年	2014 年占全球比重	位次
全球	608.00	620.66	637.29	646.14	802.25	100.00%	
美国	87.47	89.02	90.56	91.28	94.64	11.80%	1
印度	54.90	57.70	59.81	61.26	64.75	8.07%	2
中国	35.76	36.58	37.44	35.31	37.25	4.64%	3

数据来源：IDF、国家统计局，印度不包含水牛奶产量。

▶ 中国奶业发展基本情况

见表 1-3。

表 1-3 中国奶业发展基本情况

项目	单位	2011 年	2012 年	2013 年	2014 年	2015 年
奶畜养殖						
奶牛养殖业产值	亿元	1 219.0	1 335.2	1 454.4	1 541.0	—
奶牛存栏数	万头	1 440.2	1 493.9	1 441.0	1 499.1	1 480*
奶类总产量	万吨	3 810.7	3 875.4	3 649.5	3 841.2	3 875*
其中牛奶产量	万吨	3 657.8	3 743.6	3 531.4	3 724.6	3 755.0
成乳牛年单产	千克	5 400	5 400	5 500	5 800	6 000
人均奶类占有量	千克/人	28.28	28.57	26.95	28.08	28.22*
乳品加工						
液态奶产量	万吨	2 060.8	2 146.5	2 336.0	2 400.1	2 521.0
干乳制品产量	万吨	326.7	398.6	362.1	251.7	261.5
企业总数	个	644	649	658	631	638
亏损企业数	个	104	114	91	100	103
产品销售收入	亿元	2 294.17	2 469.93	2 831.59	3 297.73	3 328.52

（续）

项目	单位	2011年	2012年	2013年	2014年	2015年
利润总额	亿元	148.93	159.55	180.11	225.32	241.65
资产总额	亿元	1 543.15	1 744.14	2 056.90	2 321.23	2 565.02
奶业贸易						
乳制品进口						
液奶	吨	40 540	93 781	184 567	320 206	460 107
酸奶	吨	2 546	7 897	10 241	8 691	10 316
奶粉	吨	449 542	572 875	854 416	923 357	547 243
炼乳	吨	4 913	5 515	9 265	9 176	10 908
乳清	吨	344 244	378 379	434 070	404 706	435 752
奶油	吨	35 676	48 326	52 301	80 405	71 259
干酪	吨	28 603	38 806	47 316	65 973	75 581
乳制品出口						
液奶	吨	25 169	27 275	25 960	25 731	24 582
酸奶	吨	851	526	515	588	516
奶粉	吨	9 327	9 703	3 318	8 124	4 869
炼乳	吨	3 130	3 723	4 477	2 384	1 805
乳清	吨	1 150	702	839	57	27
奶油	吨	3 359	2 567	825	2 842	1 379
干酪	吨	339	400	119	140	146
改良种用牛进口	头	99 348	128 294	102 243	215 405	153 309

"—"表示数据未公布；"＊"表示预计数。

数据来源：2016中国奶业统计摘要。

➤ 中国奶牛存栏及产量发展状况

见表 1-4。

表 1-4　1990—2014 年中国奶牛存栏、牛奶产量及奶类产量情况

年份	奶牛存栏（万头）	牛奶产量（万吨）	奶类产量（万吨）
1990	269.1	415.7	475.1
1991	294.6	464.6	524.3
1992	294.2	503.1	563.9
1993	345.1	498.6	563.7
1994	384.3	528.8	608.9
1995	417.3	576.4	672.8
1996	447.0	629.4	735.9
1997	442.0	601.1	681.1
1998	426.5	662.9	745.4
1999	424.1	717.6	806.7
2000	489.0	827.4	918.9
2001	566.2	1 025.5	1 122.6
2002	687.5	1 299.8	1 400.4
2003	893.2	1 746.3	1 848.6
2004	1 108.0	2 260.6	2 368.4
2005	1 216.1	2 753.4	2 864.8
2006	1 068.9	3 193.4	3 302.5
2007	1 218.9	3 525.2	3 633.4
2008	1 233.5	3 555.8	3 781.5
2009	1 260.3	3 520.9	3 734.6
2010	1 420.1	3 575.6	3 748.0
2011	1 440.2	3 657.8	3 810.7
2012	1 493.9	3 743.6	3 875.4
2013	1 441.0	3 531.4	3 649.5
2014	1 499.1	3 724.6	3 841.2

数据来源：2016 中国奶业统计摘要。

中国奶牛规模养殖比重

见表1-5。

表1-5 2002—2014年全国奶牛规模养殖比重

单位：%

年份	年存栏 1~4头	年存栏 5头以上	年存栏 20头以上	年存栏 100头以上	年存栏 200头以上	年存栏 500头以上	年存栏 1 000头以上
2002	44.79	55.21	25.89	11.90	8.32	5.47	2.92
2003	46.68	53.32	27.37	12.49	8.82	5.55	2.73
2004	47.05	52.95	25.24	11.22	7.74	4.90	2.72
2005	45.64	54.36	27.73	11.16	7.91	4.76	2.34
2006	42.76	57.24	28.84	13.13	9.33	5.60	3.04
2007	39.73	60.27	26.09	16.35	12.11	7.45	3.92
2008	32.42	67.58	36.05	19.54	15.51	10.05	5.54
2010	26.42	73.58	46.49	30.63	26.52	19.43	10.45
2011	23.99	76.01	51.12	32.87	28.38	20.79	12.06
2012	22.54	77.46	55.86	37.25	33.27	25.02	15.39
2013	21.83	78.17	56.98	41.07	35.26	27.71	17.79
2014	20.77	79.23	59.91	45.24	38.83	30.74	20.22

数据来源：2016中国奶业统计摘要。

奶牛养殖成本收益情况

以2014年全国部分散养、小规模、中规模、大规模四种不同养殖规模进行奶牛养殖成本收益比较，具体如下。

（1）2014年部分地区散养奶牛成本收益 见表1-6。

表1-6 2014年部分地区散养奶牛成本收益情况

项目	单位	平均	山西	内蒙古	吉林	山东	河南
每头							
主产品产量	千克	5 237.65	5 730.69	4 625.00	5 150.00	5 458.67	4 799.00

（续）

项目	单位	平均	山西	内蒙古	吉林	山东	河南
产值合计	元	22 256.04	32 147.18	17 576.67	17 217.67	23 148.48	19 014.97
主产品产值	元	20 248.92	30 052.22	15 725.00	15 691.00	21 694.16	17 216.12
副产品产值	元	2 007.12	2 094.96	1 851.67	1 526.67	1 454.32	1 798.85
总成本	元	17 147.34	17 760.46	18 485.27	13 690.97	16 794.46	16 931.63
生产成本	元	17 113.00	17 760.46	18 485.27	13 690.97	16 774.74	16 931.63
物质与服务费用	元	13 452.64	13 995.55	14 914.92	9 467.28	13 253.02	12 217.13
人工成本	元	3 660.36	3 764.91	3 570.35	4 223.69	3 521.72	4 714.50
家庭用工折价	元	3 556.10	3 488.39	3 397.85	4 223.69	3 521.72	4 714.50
雇工费用	元	104.26	276.52	172.50			
土地成本	元	34.3 4				19.72	
净利润	元	5 108.70	14 386.72	−908.60	3 526.70	6 354.02	2 083.34
成本利润率	%	29.79	81.00	−4.92	25.76	37.83	12.30
每50千克主产品							
平均出售价格	元	193.30	262.20	170.00	152.34	198.71	179.37
总成本	元	148.93	144.86	178.79	121.14	144.17	159.72
生产成本	元	148.63	144.86	178.79	121.14	144.00	159.72
净利润	元	44.37	117.34	−8.79	31.20	54.54	19.65
每核算单位用工数量	日	48.92	50.03	46.82	56.77	47.34	63.37
平均饲养天数	日	365.00	365.00	365.00	365.00	365.00	365.00

数据来源：2016中国奶业统计摘要。

（2）2014 年部分地区小规模奶牛养殖成本收益见表 1-7。

表 1-7　2014 年部分地区小规模奶牛养殖成本收益情况

项目	单位	平均	河北	山西	内蒙古	辽宁
每头						
主产品产量	千克	5 292.97	5 855.96	5 400.00	5 327.63	5 923.14
产值合计	元	22 054.33	23 815.30	23 822.50	21 458.84	24 127.81
主产品产值	元	19 740.69	20 746.52	22 010.00	18 117.29	21 829.10
副产品产值	元	2 313.64	3 068.78	1 812.50	3 341.55	2 298.71
总成本	元	16 853.33	15 833.36	15 225.35	21 878.04	18 786.03
生产成本	元	16 807.21	15 807.08	15 209.35	21 878.04	18 781.88
物质与服务费用	元	13 753.39	13 814.56	11 792.75	19 218.98	15 275.00
人工成本	元	3 053.82	1 992.52	3 416.60	2 659.06	3 506.88
家庭用工折价	元	2 356.02	1 857.17	1 971.60	2 659.06	2 584.14
雇工费用	元	697.80	135.35	1 445.00		922.74
土地成本	元	46.12	26.28	16.00		4.15
净利润	元	5 201.00	7 981.94	8 597.15	−419.20	5 341.78
成本利润率	%	30.86	50.41	56.47	−1.92	28.43
每 50 千克主产品						
平均出售价格	元	186.48	177.14	203.80	170.03	184.27
总成本	元	142.50	117.77	130.25	173.35	143.47
生产成本	元	142.11	117.57	130.12	173.35	143.44
净利润	元	43.98	59.37	73.55	−3.32	40.80
每核算单位用工数量	日	38.39	26.33	42.75	35.74	44.94
平均饲养天数	日	365.00	365.00	365.00	365.00	365.00

数据来源：2016 中国奶业统计摘要。

（3）2014年部分地区中等规模奶牛养殖成本收益见表1-8。

表1-8　2014年部分地区中等规模奶牛养殖成本收益情况

项目	单位	平均	北京	天津	山西	内蒙古	辽宁
每头							
主产品产量	千克	5 715.85	6 325.00	7 270.29	5 725.00	5 514.17	6 227.75
产值合计	元	25 647.33	27 583.33	32 543.67	26 082.67	26 078.93	23 821.88
主产品产值	元	23 415.17	25 300.00	30 483.03	24 130.17	22 871.43	21 491.88
副产品产值	元	2 232.16	2 283.33	2 060.64	1 952.50	3 207.50	2 330.00
总成本	元	20 235.46	21 243.08	21 367.33	14 584.76	21 655.70	18 949.85
生产成本	元	20 152.95	21 051.58	21 330.67	14 569.51	21 634.88	18 922.35
物质与服务管理	元	17 220.99	18 653.51	19 456.70	12 794.20	18 766.14	15 596.85
人工成本	元	2 931.96	2 398.07	1 873.97	1 775.31	2 868.74	3 325.50
家庭用工折价	元	309.50	279.74	696.31	61.98	900.24	
雇工费用	元	2 622.46	2 118.33	1 177.66	171 333	1 968.50	3 325.50
土地成本	元	82.51	1 911.50	36.66	15.25	20.82	27.50
净利润	元	5 411.87	6 340.25	11 176.34	11 497.91	4 423.23	4 872.03
成本利润率	%	26.74	29.85	52.31	78.84	20.43	25.71
每50千克主产品							
平均出售价格	元	204.83	200.00	209.64	210.74	207.39	172.55
总成本	元	161.61	154.03	137.64	117.84	172.21	137.26
生产成本	元	160.95	152.64	137.41	117.72	172.05	137.06
净利润	元	43.22	45.97	72.00	92.90	35.18	35.29
每核算单位用工数量	日	33.35	25.06	21.69	22.27	36.28	42.75
平均饲养天数	日	365.00	365.00	365.00	365.00	365.00	365.00

数据来源：2016中国奶业统计摘要。

（4）2014 年部分地区较大规模奶牛养殖成本收益

见表 1-9。

表 1-9 2014 年部分地区较大规模奶牛养殖成本收益情况

项目	单位	平均	北京	天津	山西	内蒙古	辽宁
每头							
主产品产量	千克	6 784.27	9 408.75	5 750.89	6 042.47	6 018.00	6 876.42
产值合计	元	32 634.79	44 689.29	26 772.50	30 378.82	23 921.10	29 001.09
主产品产值	元	30 104.18	41 541.50	24 854.00	27 184.68	21 636.10	27 032.80
副产品产值	元	2 530.61	3 147.79	1 918.50	3 194.14	2 285.00	1 968.29
总成本	元	25 272.05	34 220.68	14 442.24	23 711.10	20 130.70	20 119.76
生产成本	元	25 187.29	34 070.68	14 426.55	23 664.67	20 078.20	20 091.16
物质与服务费	元	22 523.01	30 521.05	12 516.79	20 632.61	18 328.20	17 393.30
人工成本	元	2 664.28	3 549.63	1 909.76	3 032.06	1 750.00	2 697.86
家庭用工折价	元	23.66			26.41		
雇工费用	元	2 640.62	3 549.63	1 909.76	3 005.65	1 750.00	2 697.86
土地成本	元	84.76	150.00	15.69	46.43	52.50	28.60
净利润	元	7 362.74	10 468.61	12 330.26	6 667.72	3 790.40	8 881.33
成本利润率	%	29.13	30.59	85.38	28.12	18.83	44.14
每50千克主产品							
平均出售价格	元	221.87	220.76	216.09	224.95	179.76	196.56
总成本	元	171.81	169.05	116.57	175.58	151.28	136.37
生产成本	元	171.24	168.31	116.44	175.23	150.88	136.17
净利润	元	50.06	51.71	99.52	49.37	28.48	60.19
每核算单位用工数量	日	27.41	13.43	20.83	35.78	17.70	30.48
平均饲养天数	日	365.00	365.00	365.00	365.00	365.00	365.00

数据来源：2016 中国奶业统计摘要。

▶ 生产性能水平

（1）2015年全国各地区奶牛生产性能测定情况　见表1-10。

表1-10　2015年全国各地区奶牛生产性能测定情况

地区	牛场数（个）	奶牛头数（头）	测定日平均产奶量（千克）	测定日平均乳脂肪率（%）	测定日平均乳蛋白率（%）	测定日平均体细胞数（千个/毫升）
总计/平均	1 302	794 969	27.07	3.76	3.23	342.95
北京	72	49 434	31.53	3.77	3.12	267
天津	34	24 631	31.85	3.78	3.21	231.45
河北	171	89 601	26.8	3.89	3.25	243.52
山西	66	25 135	25.09	3.62	3.24	370.13
内蒙古	33	58 656	28.77	3.99	3.29	369.79
辽宁	31	36 447	23.25	3.79	3.27	213.89
吉林	5	3 900	34.05	4.44	3.79	271.05
黑龙江	108	110 120	27.58	3.73	3.34	528.72
上海	110	52 639	29.96	3.67	3.14	348.21
江苏	20	9 911	28.6	3.62	3.25	429.11
浙江	8	4 120	25.16	4.01	3.19	415.39
安徽	3	1 369	26.95	3.73	3.17	413.4
山东	194	79 342	27.2	3.68	3.27	335.22
河南	203	91 508	23.59	3.68	3.13	324.62
湖北	19	13 854	27.18	3.47	3.21	276.52
湖南	18	7 650	18.6	3.54	3.19	274.72
广东	5	6 197	23.59	4.08	3.36	289.4
广西	2	890	20.94	3.84	3.27	468.24
云南	36	11 607	20.04	3.44	3.13	525.4
重庆	1	369	21.12	3.54	3.37	585.28
陕西	50	31 810	25.7	4	3.2	270.92
宁夏	45	40 147	31.05	3.69	3.15	245.3
新疆	53	34 468	25.12	3.75	3.19	384.65
福建	11	8 196	26.96	3.84	3.29	574.31
四川	4	2 968	26.6	3.76	3.22	244.56

数据来源：2016中国奶业统计摘要。

（2）2015 年全国不同规模奶牛场生产性能测定情况
见表 1-11。

表 1-11　2015 年全国不同规模奶牛场生产性能测定情况

规模 （奶牛存栏）	牛场数 （个）	测定日平均 产奶量 （千克）	测定日平均 乳脂肪率 （%）	测定日平均 乳蛋白率 （%）	测定日平均 体细胞数 （千个/毫升）
＜50	23	16.30	3.57	3.24	543.47
50～100	63	21.07	3.42	3.14	403.72
100～200	232	23.49	3.58	3.22	393.56
200～500	486	24.95	3.65	3.20	340.04
500～1 000	320	26.95	3.76	3.19	338.38
＞1 000	178	28.46	3.82	3.26	342.55

数据来源：2016 中国奶业统计摘要。

2.奶牛业相关政策

近年来，国务院及各有关部委先后颁布出台了促进
奶牛标准化规模养殖和振兴奶业苜蓿发展行动等多项重
大政策，初步构建起涵盖饲草料、良种、牧场建设的政
策体系。相关主要政策见表 1-12。

表 1-12　奶业发展相关政策内容

政策名称	发布时间	发布部门	政策主要内容
粮改饲 支持政策	2015 年	中央财政	粮改饲主要采取以养带种方式推动种植结构调整，促进青贮玉米、苜蓿、燕麦、甜高粱和豆类等饲料作物种植，收获加工后以青贮饲草料产品形式由牛羊等草食家畜就地转化，引导试点区域牛羊养殖从玉米籽粒饲喂向全株青贮饲喂适度转变。中央财政补助资金主要用于优质饲草料收贮工作，支持对象为规模化草食家畜养殖场户或专业青贮饲料收贮合作社等新型经营主体

（续）

政策名称	发布时间	发布部门	政策主要内容
振兴奶业苜蓿发展行动	2012 年	农业部和财政部	2012—2015 年，中央财政每年安排 5.25 亿元建设 50 万亩*高产优质苜蓿示范片区。其中，高产优质苜蓿示范片区建设 3 亿元；生产、收获和加工机械补贴 2 亿元；良种补贴 0.25 亿元。补贴标准：600 元/亩，3 000 亩起享受补贴。补贴方式：先建后补，立项后，预先补助 50%；验收合格，再补 50%。验收不合格，追回预先补助 50%，或限期整改后安排剩余 50%。补助内容：苜蓿良种化、标准化生产、生产条件改善、提升质量水平。扶持对象：农民饲草专业生产合作社（优先扶持）、饲草生产加工企业、奶牛养殖企业（存栏 300 头以上）
农业保险支持政策	2015 年	保监会、财政部、农业部	2015 年，保监会、财政部、农业部联合下发《关于进一步完善中央财政保费补贴型农业保险产品条款拟定工作的通知》中涉及养殖业的主要有三点：一是扩大保险范围，养殖业保险将疫病纳入保险范围且发生高传染性疾病政府进行强制扑杀时保险公司应赔偿投保户，二是提高保障水平，要求保险金额覆盖饲养成本，鼓励开发满足新型经营主体的多层次高保障产品，三是降低理赔门槛
乳品产业转型升级	2016 年	食品监管总局	深入实施农业标准化战略，突出优质安全和绿色导向，严格无公害农产品、绿色食品、有机农产品和农产品地理标志（"三品一标"）认证，以及良好农业规范认证，围绕市场需求调整农产品种养结构
婴幼儿配方乳品质量安全追溯	2017 年	国务院	《2017 年食品安全重点工作安排的通知》要求对婴幼儿配方乳粉生产企业进行食品安全生产规范体系检查。加快修订乳制品工业产业政策，进一步严格行业准入，推动婴幼儿配方乳粉企业兼并重组，发布实施婴幼儿配方乳粉追溯体系行业标准、婴幼儿配方乳粉、蔬菜等重要产品追溯体系建设，加快推进省级重要产品追溯管理平台建设

---

* 亩为我国非法定计量单位，1 亩＝666.7 米²。

（续）

政策名称	发布时间	发布部门	政策主要内容
畜牧良种补贴政策	2005 年	财政部	从 2005 年开始，国家实施畜牧良种补贴政策。2015 年投入畜牧良种补贴资金 12 亿元。奶牛良种补贴标准为荷斯坦牛、娟姗牛、奶水牛每头能繁母牛 30 元，其他品种每头能繁母牛 20 元，并开展优质荷斯坦种用胚胎引进补贴试点，每枚补贴标准 5 000 元。2016 年国家继续实施畜牧良种补贴政策
畜禽粪污资源化利用方案	2017 年	国务院	《国务院办公厅关于加快推进畜禽养殖废弃物资源化利用的意见》指出到 2020 年，建立科学规范、权责清晰、约束有力的畜禽养殖废弃物资源化利用制度，构建种养循环发展机制，畜禽粪污资源化利用能力明显提升，全国畜禽粪污综合利用率达到 75% 以上，规模养殖场粪污处理设施装备配套率达到 95% 以上，大规模养殖场粪污处理设施装备配套率提前一年达到 100%。具体内容：（一）建立健全资源化利用制度。（二）优化畜牧业区域布局。（三）加快畜牧业转型升级。（四）促进畜禽粪污资源化利用。（五）提升种养结合水平。（六）提高沼气和生物天然气利用效率
控制和净化奶牛结核病	2017 年	农业部	农业部关于印发《国家新城疫防治指导意见（2017—2020 年）》《国家奶牛结核病防治指导意见（2017—2020 年）》的通知，发布《国家奶牛结核病防治指导意见（2017—2020 年）》坚持预防为主的方针，采取"因地制宜、分类指导、逐步净化"的防治策略，以养殖场（户）为防治主体，不断完善养殖场生物安全体系，严格落实监测净化、检疫监管、无害化处理、应急处置等综合防治措施，积极开展场群和区域净化工作，有效清除病原，降低发病率，压缩流行范围，逐步实现防治目标

3.奶牛业相关标准

近年来，国务院及各有关部委先后颁布实施了一系列奶业养殖、生产加工、技术等标准，有效保障了奶业健康发展。相关标准见表1-13。

表 1-13　奶牛业相关标准

标准名称	标准编号	标准作用简介
奶牛全混合日粮生产技术规程	NY/T 3049—2016	规定了奶牛全混合日粮（TMR）搅拌机、饲料原料选择、TMR 配制、质量控制、饲喂管理以及饲喂效果评价方面的要求
奶牛用精饲料	NY/T 1245—2006	规定了奶牛标准化养殖场的基本要求、选址与布局、生产设施与设备、管理与防疫、废弃物处理、生产水平和质量安全等。本标准适用于奶牛规模养殖场标准化生产
标准化养殖场——奶牛	NY/T 2662—2014	规定了奶牛标准化养殖场的基本要求、选址与布局、生产设施与设备、管理与防疫、废弃物处理、生产水平和质量安全等。本标准适用于奶牛规模养殖场标准化生产
奶牛场 HACCP 饲养管理规范	NY/T 1242—2006	规定了奶牛场生产过程中 HACCP 体系的建立、实施和保持的基本要求。本标准适用于奶牛场的生产管理、HACCP 体系的建立和实施
奶牛饲养标准	NY/T 34—2004	提出了奶牛各饲养阶段和产奶的营养需要。本标准适用于各饲料厂、奶牛场配合饲料和日粮
标准化奶牛场建设规范	NY/T 1567—2007	规定了奶牛场的选址、场区布局、牛舍、饲料、卫生防疫以及配套工程等方面的要求。本标准适用成母牛 100 头以上的规模化奶牛场
奶牛场卫生规范	GB 16568—2006	规定了奶牛场的环境与设施、动物卫生条件、奶牛引进要求、饲养卫生、饲养管理、工作人员卫生、挤奶的健康与卫生、鲜奶盛装、贮藏及运输的卫生、免疫与消毒和监测、净化的要求。本标准适用于所有奶牛饲养场及其饲养的奶牛
无公害食品奶牛饲养兽医防疫准则	NY 5047—2001	规定了生产无公害食品的奶牛场在疫病的预防、监测、控制和扑灭方面的兽医防疫准则。本标准适用于生产无公害食品奶牛场的卫生防疫

二、奶牛品种和挑选方法

目标
- 了解奶牛的发展历史
- 了解奶牛体型结构与外貌特征
- 了解奶牛的主要品种
- 掌握奶牛的挑选方法

1. 奶牛的发展历史

在自然条件下，野生哺乳动物所产生的奶只够哺育它们的后代。早在有历史记载前，人类就驯化了能够产奶的动物，并开始通过选择提高产奶量（图 2-1）。除了

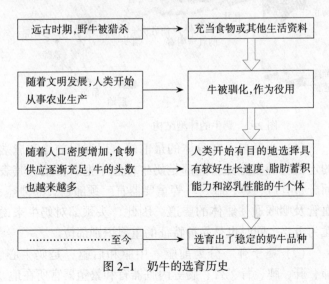

图 2-1　奶牛的选育历史

牛和山羊外，人们还利用马、骆驼、驯鹿等哺乳动物来生产人们所需的乳品。牛被称为是人类的养母，是奶业生产中的支柱。早在公元前 9000 年，人类就开始挤牛奶。

2. 奶牛体型结构与外貌特征

▶ 奶牛的体型结构

牛体大致可分为四大部分：头颈部、躯干部、乳房部和四肢部（图 2-2）。

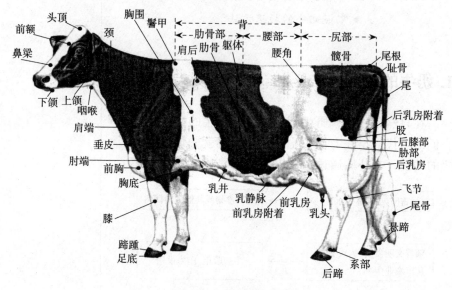

图 2-2 奶牛的体型结构

（1）头颈部 在身体的最前端，以鬐甲前缘和肩端的连线与前躯分界。头部是奶牛神经中枢所在地，其表面分布有口、鼻、眼、耳等重要器官。颈部是头部神经、血管及咽喉通往躯体的要道。因此，头颈部对奶牛来说尤为重要，同时也是品种特征的重要识别部位。

（2）躯干部 分为前躯、中躯和后躯，是奶牛心、肺、肝、脾、肾、胃、肠等内脏器官和繁殖器官所在地。

（3）乳房部　位于后躯腹壁之下，夹于两后肢之间较突出的体表部位，分前、后、左、右四个乳区，每个乳区各有一个乳头向外开口。乳腺由乳房的皮肤和中悬韧带等结缔组织固定，无骨骼支持。它是奶牛的泌乳器官。

（4）四肢部　分前肢和后肢两部分，担负奶牛体躯支撑和行走等重要功能。

（5）其他　覆盖于牛全身体表的皮肤和被毛也是牛重要的外貌特征，其毛色及花片，被毛密度及粗糙程度是品种、用途和性别的重要标志。

▶ 奶牛外貌特征

外貌是奶牛生产性能的外部表现，不同生产类型的牛，都有与其生产性能相适应的外貌。就优良奶牛而言，具有以下外貌特征。

（1）从整体看　奶牛皮薄骨细，血管暴露，被毛细短而有光泽，肌肉不发达，皮下脂肪沉积不多，胸腹宽、深，后躯和乳房十分发达，明显表现出细致紧凑型，从侧面、前面、上面看皆呈现出"楔形"结构。

（2）从局部看　最主要的部位为乳房和尻部。

①乳房：为奶牛泌乳的特征性器官。高产奶牛的乳房一般呈浴盆状，结实地附着于后躯腹壁的下方。四乳区发育均匀而对称，且充分前伸、后延。乳静脉弯曲而明显，乳头大小适中呈圆柱状，乳房皮肤细薄而毛稀少。内部结构柔软，腺体组织占 75%~80%，均为腺质乳房。

②尻部[①]：与生殖器官和乳房的形状密切相关。高产奶牛一般表现长、平、宽、方。尖尻、斜尻不符合高产奶牛的要求。

[①]尻部：指臀的上部，由臀部的大部分骨骼所构成。奶牛以长、平、宽的尻部利于产犊和乳房发育。

3. 主要奶牛品种

虽然所有的奶牛在分类学上都属于同一属种，但经历了长期的发展历史后，不同品种之间存在着巨大的遗传差异。当前，作为现代奶业生产群的主要有以下几个品种（图 2-3 至图 2-7，表 2-1）。

图 2-3　荷兰牛（荷斯坦牛）

图 2-4　西门塔尔牛

图 2-5　瑞士褐牛

图 2-6　乳用短角牛

图 2-7　娟姗牛

表 2-1 奶牛主要品种及其特征、生产性能

品　种	原产地	育成及外貌特征	生产性能	用途
荷兰牛，又称荷斯坦·弗里生牛。因其毛色为黑白相间、界限分明的花片，又称为黑白花牛	荷兰。世界各国均以本国名称命名，如美国荷斯坦牛、中国荷斯坦牛等	该品种牛由于产奶量高、适应性强而输往世界各地。具有典型的乳用型外貌特征，乳房和后躯极为发达，毛色以黑白花为主，也有红白花的。头部有白星，为明显的三大片特征（即颈、肩背和臀部为黑色），但四肢膝关节和飞节以下、尾梢少有黑毛	乳用性能居世界各牛种之冠。荷兰牛年平均单产已达7 000千克，乳脂率4%。美国荷斯坦牛2 000年平均产乳量达8 388千克，乳脂率3.6%。近年来，中国荷斯坦牛平均单产逐年提高，大多数国有奶牛场年平均单产已达到7 000千克以上，个体奶牛场（小区）达到5 000千克以上	乳用
娟姗牛	英吉利海峡的娟珊岛	体型较小，头轻而短，两眼间距宽，额部凹陷，耳大而薄，鬐甲狭窄，肩直立，胸浅，背线平坦，腹围大，尻长、平、宽，尾帚细长，四肢较细，全身肌肉清秀，皮肤单薄，乳房发育良好。毛色以栗褐色居多，鼻镜、舌与尾帚为黑色，鼻镜上部有浅灰色的毛圈	单产3 000～3 600千克，乳脂率5%～7%，由于其乳脂率高，适应热带气候，逐渐受到各国重视	乳用
西门塔尔牛	瑞士西部阿尔卑斯山的西门塔尔平原	当地以本品种选育而成，为乳肉兼用的大型品种。毛色以黄白花和红白花为主。白头，黄眼圈，身躯常有白色胸带和肷带，腹部、尾梢、四肢在飞节和膝关节以下为白色	在瑞士和欧洲许多国家，该牛向乳用型发展，年平均产乳量在4 500千克以上，乳脂率4.0%。在我国，平均产乳量达4 418千克，乳脂率4.0%～4.2%，乳蛋白率3.5%～3.9%	乳肉兼用

（续）

品　　种	原产地	育成及外貌特征	生产性能	用途
瑞士褐牛	瑞士阿尔卑斯山东南部	19世纪80年代以当地品种经培育而成，之后输出到世界各地。该品种全身毛色为褐色，深浅因分布及个体不同而异。共同特征是鼻、舌为黑色，在鼻镜四周有一浅色或白色带，角尖、尾尖及蹄为黑色	单产4 000～6 000千克，乳脂率3.6%～4.0%。该品种适应性能良好，乳用型明显，适合机器挤奶，很多地区均可饲养，抗病力强，饲料报酬高	乳肉兼用
乳用短角牛	英格兰	体型较大，毛色以紫红为主，红白花次之。沙色较少，个别全白。	在美国产乳量为4 020千克，乳脂率3.58%。在我国产乳量达3 500～3 800千克，乳脂率4.0%～4.2%	乳肉兼用

4. 良种奶牛的挑选方法

选购奶牛是一项技术性极强的工作，必须谨慎对待，认真选择。在我国奶牛业调整的现阶段，出现的突出问题是奶牛种质差、产量低、疾病多、效益低，除了饲养者管理水平低外，很大程度上是前几年无序引种和草率购买带来的后遗症。所以，无论是从国外引种还是在国内购买奶牛，都应购买良种奶牛，并要应求遵循一定的原则（图2-8）。这些原则包括：

◆ 购买奶牛时应当成立奶牛引种小组。人员应当包括业务主管部门的管理人员、直接投资责任人、富有外事经验的管理者和从事奶牛育种、繁殖、饲养及多年兽医经验的专业技术人员。这些人员不可缺少，且应当有明确分工，工作中各司其职，相互之间不可代替。

◆ 引种之前应做好奶牛品种资源、市场行情、疫病流行病学调查。

◆ 引种前要将供种地、途经地、引入地奶牛所需的

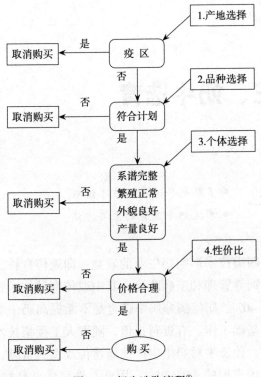

图 2-8　奶牛选购流程[①]

聚集、中转、隔离等场地、交通、物资（饲料、水）、运输手续等提前准备好，办理妥当后方可开始选牛。

◆ 选择奶牛应当逐头进行，畜牧专业人员按照每头牛的系谱资料及母牛产奶记录进行初选，首先看是否为良种登记奶牛，并对选中的奶牛外貌、产乳量、年龄进行现场测评；其次由兽医人员对奶牛繁殖、健康状况进行鉴定；最后综合考察该奶牛的产奶潜力和利用价值，根据交易价格和既定的选购标准确定是否选留。

①图 2-8 为奶牛选购流程，主要阐述了从奶牛的产地、品种、个体性能和价格因素方面，对奶牛进行筛选。

三、奶牛选育

目标
- 了解奶牛选育的技术流程
- 掌握奶牛选育的主要方法

有四类技术影响奶牛业的效益：即遗传育种、营养饲料、饲养管理和疫病防治。其中遗传育种技术贡献最大，占40%。如何搞好奶牛选育是不断提高奶牛场经济效益的基础工作。有资料报道，随着人工授精技术的广泛应用，种公牛对奶牛生产性能遗传改良的贡献，可达到总遗传进展的75%~95%。因此，选育优良品种母牛、选择优秀种公牛的冷冻精液和制订合理的选配方案对牛群改良至关重要。

1. 奶牛品种登记

品种登记是奶牛品种改良的一项基础性工作，目的是保证奶牛品种的一致性和稳定性，促使生产者饲养优良奶牛品种，保存基本育种资料和生产性能记录，以作为品种遗传改良工作的依据。

▶ 奶牛编号

（1）牛号编写 牛只编号由12个字符组成，分为4个部分，2位省（自治区、直辖市）代码＋4位牛场号＋2位出生年度号＋4位牛只号，见图3-1。

图 3-1 奶牛号编写构成

省（自治区、直辖市）代码统一按照国家行政区划编码确定，由 2 位数组成，第一位是国家行政区划号，第二位是区划内编号。例如，北京市属"华北",编码是"1"，"北京市"是"1"。因此，北京编号为"11"。

牛场编号由 4 位数组成：第一位用英文字母代表并顺序编写，如 A，B，C……Z；后 3 位代表牛场顺序号，用阿拉伯数字表示，即 1，2，3，……。本编号由各省（自治区、直辖市）畜牧行政主管部门统一编制。

牛只出生年度编号由 2 位数组成：统一采用年度的后 2 位数。2007 年出生即为"07"。

牛只出生顺序号由 4 位数组成：用阿拉伯数字表示，即 1，2，3，……，不足 4 位数的用 0 补齐，顺序号由牛场（小区或专业户）自行编制。

例如，北京市西郊一队奶牛场，一头荷斯坦母牛出生于 2007 年,出生顺序为第 89 个,其编号方法如下：北京市编号为 11，该牛场在北京的编号为 A001，牛只出生年度编号为 07，出生顺序号为 0089。因此，该母牛的国家统一编号为 11A001070089，牛场内部管理号为070089。

（2）标记方法 注册牛只标记形式：塑料耳号，左耳佩戴（图 3-2）。牛场编号字号稍小，位于上方；年度及顺序号字号稍大，位于下方。

图 3-2　奶牛耳号及佩戴

▶ 系谱登记

谱系是奶牛场最基本的记录资料，要及时、准确记录，并妥善保管。牛只出生后，当日开始填写谱系（图3-3）。填写内容包括：

个体编号：

牛场名称(所有人)			牛场编号	
头部正面照片			性　别 初生日期 出生重（千克） 来源[a]	
左侧照片	右侧照片		品种纯度[b] 毛色[c] 是否胚胎移植	
父亲编号 出生日期	国家	发布日期	父父编号	父父父号 父父母号
	指数名称	综合育种值	父母编号	父母父号 父母母号
母亲编号 出生日期	头胎305天产乳量（千克）	最高305天产乳量（千克）	母父编号	母父父号 母父母号
			母母编号	母母父号 母母母号

a）来源：1. 自繁　2. 购买　3. 其他；
b）品种纯度：1. 100％，2. 93.75％，3. 87.5％；
c）毛色：1. 黑白花　2. 全黑　3. 全白　4. 红白花。

负责人_____	
日　期_____	

图 3-3　中国荷斯坦牛系谱

◆ 牛只本身基本情况。包括所在单位编号、花片特征(牛图或照片)、来源、出生日期、初生重、近交系数。

◆ 血统记录。务必有三代亲本牛号和父亲育种值，母系至少有第一胎和最高胎次产乳量和乳脂率。

◆ 按照牛只不同发育阶段的要求，填写体尺、体重、外貌鉴定结果。

◆ 谱系内生产性能(产奶量和乳脂率)记录按泌乳月填写，不按自然月份填写。

◆ 及时记录检疫情况。

◆ 牛只调出、出售时，由资料员抄写副本谱系随牛带走，原本留下，牛只死亡、淘汰时，应记录终生产奶量，谱系存档，不得丢失。

2. 奶牛生产性能测定

奶牛生产性能测定，就是对奶牛泌乳性能及乳成分进行测定。该方法可在奶牛生产中用科学准确的数据化管理，替代传统的经验型管理，使牛群的遗传水平和生产性能得到持续提高，并从源头上控制奶制品安全，对生产具有十分重要的意义。其作用主要表现在：

◆ 完善奶牛生产记录体系；

◆ 提高原料奶质量；

◆ 为牛场兽医提供信息；

◆ 反映牛群日粮是否合理；

◆ 推进牛群遗传改良进程；

◆ 科学制订管理计划。

▶ **测试对象**

产后 5 天至干奶期间的泌乳牛。

▶ **采样**

每头牛每个泌乳月测定一次，两次测定间隔一般为

26~33 天。每次测定需对所有泌乳牛逐头取乳样，每头牛的采样量为 50 毫升，若为一天三次挤乳，一般按 4：3：3（早：中：晚）比例取样；若为早、晚两次挤乳按 6：4 的比例取样。

▶ **测定内容**

主要测定日产乳量、乳脂肪、乳蛋白质、乳糖、全乳固体和体细胞数。

▶ **生产性能报告**

根据乳样测定的结果及牛场提供的相关信息，制作奶牛生产性能测定报告，并及时将报告反馈给牛场，详见表3-1 至表3-6。

3. 奶牛外貌的线性评定

不同用途的牛有不同的体型特征。奶牛体型呈 3 个楔

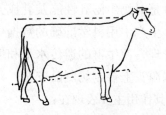
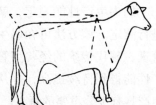

图 3-4　乳用牛体型特征模式

①图 3-4：左侧图为体型侧望楔形特征，右侧为体型上望和前望楔形特征。

形①（图 3-4），从胸部的横断面看，奶牛是上窄下宽的楔形，役用牛是上宽下窄的盾形，肉用牛则是圆桶形（图 3-5）。

饲养奶牛的目的是为了获取更高的经济效益，要达到此目的，一是提高奶牛生产性能，二是

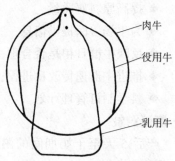

图 3-5　不同用途牛的胸部横断面模式

表 3-1　生产性能测定基本报告

基本检测报告

牛号	生日	胎次	产犊日	测定日	乳量（千克）	乳脂率（%）	蛋白率（%）	体细胞（1 000个/毫升）	乳损（千克）	泌乳天数（天）	高峰乳量（千克）	高峰日（天）	305天乳量（千克）
1122	2002-03-28	1	2004-04-18	2005-12-12	11.5	3.79	3.95	568	0.8	579	35	79	8 539
1133	2002-08-30	1	2004-11-19	2005-11-06	14	3.65	3.23	263	0.3	331	43	57	9 231

表 3-2　初产月龄报告

初产月龄报告

月份	头胎牛数（头）	平均初产日龄（天）	初产体重（千克）	天数范围（天）	>900天牛数（头）	备注
10	74	758		681～1 198	1	占1.33%

投产牛日龄大于850天的牛只明细

牛号	生日	胎次	投产日龄（天）	分组号	产犊日	乳量（千克）	体细胞（1 000个/毫升）	泌乳天数（天）
1144	2002-11-25	1	867	1	2005-04-19	32	71	181
1155	2003-02-22	1	887	1	2005-08-09	36	152	121

>900天的牛数占3%以上的，请注意育成牛饲料营养、初情期和流产率

表 3-3　产犊间隔报告

产犊间隔报告

月份	牛数（头）	产犊间隔（天）	天数范围（天）	<340天牛数（头）	<340天牛数占全群比（%）	>450天牛数（头）	>450天牛群占全群比（%）	备注
11	141	481	346~829	0	0.00%	64	45.39	

<340天牛数　　牛只早产或配种太早

>450天牛数　　预示繁殖存在问题

产犊牛，间隔天数大于450天的明细

牛号	胎次	分组号	产犊间隔	前产日	产犊日	乳量（千克）	体细胞（1 000个/毫升）	泌乳天数（天）	305天乳量（千克）
1166	2	2	829	2002-06-12	2004-09-22	33	171	72	6 699
1177	2	3	801	2002-04-17	2004-06-26	35	449	161	9 298

表 3-4　305 天乳量报告

305 天乳量报告

月份	牛数（头）	305天乳量（千克）	产量范围（千克）	<6 000千克（头）	6 000~6 999千克（头）	7 000~7 999千克（头）	8 000~9 999千克（头）	>10 000千克（头）	备注
11	151	8 876	4 110~13 750	5	13	32	5	24	*

*有 72 头泌乳天数小于 60 天，未统计

（续）

305天产量小于7 000千克的牛只明细

牛号	胎次	分组号	产犊日	乳量（千克）	体细胞（1 000个/毫升）	泌乳天数（天）	高峰乳量（千克）	高峰日（天）	305天乳量（千克）
1188	4	1	2004-07-21	19	36	89	19	78	4 110
1199	5	2	2004-07-26	18	412	73	18	73	4 470

表3-5 乳成分报告

各阶段脂肪/蛋白质比例报告

牛舍	头数（头）	产量（千克）	泌乳天数（天）	含脂率（%）	含蛋白率（%）	脂蛋比	范围
100天内	98	33.44	49	3.99	2.73	1.46	1.01~2.13
100~199天	24	33.13	136	3.98	2.9	1.37	1.05~1.87
200~299天	53	22.51	270	4.11	3.38	1.22	0.87~2.01
300天以上	36	16.94	357	4.04	3.45	1.17	0.87~1.42
全场	211	27.85	167	4.02	2.96	1.36	0.87~2.13

脂蛋比异常的牛只明细报告

牛号	胎次	分组号	产犊日	乳量（千克）	乳脂率（%）	蛋白率（%）	脂蛋比	体细胞（1 000个/毫升）	泌乳天数（天）
2211	2	1	2004-01-22	6	3.88	4.47	0.87	199	285
2233	1	1	2003-12-12	20.5	3.12	3.57	0.87	5 629	326

表 3-6　体细胞数报告

各阶段牛只产量、体细胞数比较报告

泌乳阶段	头数（头）	胎次	泌乳天数（天）	乳量				体细胞数		
				乳量（千克）	前乳量（千克）	本次一前次（千克）	持续力	体细胞（1 000个/毫升）	前体胞（1 000个/毫升）	本次一前次（1 000个/毫升）
第一次采样	34	3.0	24	35.04				159		
99天内	64	2.5	63	32.59	30.50	2.09	109.1	170	272	一102
100～199天	24	1.8	136	33.13	33.08	0.05	101.2	239	277	一38
200～299天	53	1.7	270	22.51	24.74	一2.23	90.5	389	378	11
300天以上	36	1.8	357	16.94	19.42	一2.48	86.3	529	179	350

99天内的牛只产量上升慢，请关注加料速度及区别对待。100天以上的牛产量下降平稳。SCC控制较好。

产量下降 4 千克以上的牛只

牛号	胎次	分组号	产犊日	乳量（千克）	前乳量（千克）	本次一前（千克）	持续力	体细胞（1 000个/毫升）	前体胞（1 000个/毫升）	泌乳天数（天）
2244	2	2	2004-07-20	13	38	一25.00	34.211	339	33	105
2255	3	2	2003-11-21	19	38.5	一19.50	49.351	109	42	347

提高奶牛健康水平和延长利用年限。奶牛的体型不仅与其健康水平和利用年限紧密相关，而且决定着本身的生产能力和生产潜力，所以做好奶牛体型外貌线性评定，才能为评价奶牛经济价值提供科学依据。奶牛的外貌线性评定步骤如下：

▶ 确定适宜的鉴定对象

线性评定的主要对象是母牛，干奶期母牛、产前和产后母牛、患病及6岁以上母牛不宜进行线性评定。

▶ 体尺测量与评分

对奶牛体型进行线性鉴定时，各性状的评分主要依赖于鉴定员对该性状的度量和观察判断（图3-6）和用量具进行测量（图3-7），从而对性状在生物学状态两极端范围内所处的位置进行评分。

图3-6　外貌鉴定评分

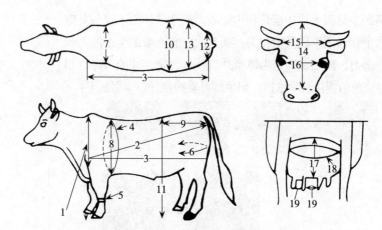

图 3-7　体尺测量位置（昝林森，1999）

1.体高　2.体斜长　3.体直长　4.胸围　5.管围　6.后腰围　7.胸宽
8.胸深　9.尻长　10.要角宽　11.腰高　12.坐骨端宽　13.髋宽　14.头长
15.额小宽　16.额大宽　17.后乳房深　18.乳房围　19.乳头间距

▶▶ **线性评分**

（1）体高　测定部位为鬐甲到地面的垂直高度，本性状为可度量性状（图 3-8，表 3-7）。

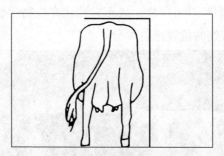

图 3-8　体高评分示意图

表 3-7　体高评分标准

评分	1	2	3	4	5	6	7	8	9
标准	≤130 厘米	133 厘米	135 厘米	137 厘米	140 厘米	142 厘米	145 厘米	147 厘米	≥150 厘米

最佳评 7~9 分

极低评 1 分　　　　　　　　中等评 5 分　　　　　　极高评 9 分

（2）胸宽（又称体强度）　以奶牛两前肢内侧的胸底宽度为指标，一般不进行度量，由鉴定员判断其宽度为主（表3-8，图3-9）。

表3-8　胸宽评分标准

评分	1	2	3	4	5	6	7	8	9
标准	极窄 （13厘米）		窄 （19厘米）		中等 （25厘米）		宽 （31厘米）		极宽 （37厘米）

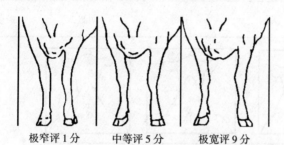

极窄评1分　　　中等评5分　　　极宽评9分

图3-9　胸宽示意图　最佳评9分

（3）体深　根据中躯深度定分，主要看肋骨最深处的长度、开张度和深度（表3-9，图3-10）。

表3-9　体深评分标准

评分	1	2	3	4	5	6	7	8	9
标准	极浅		浅		中等		深		极深 （腹下垂）

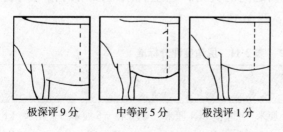

极深评9分　　　中等评5分　　　极浅评1分

图3-10　体深评分示意图　最佳评7分

（4）棱角性（又称清秀度） 主要观察奶牛整体的3个三角形是否明显，骨骼轮廓是否清晰，肋骨开张程度和肋间距的大、小，尾巴的粗、细，股部大腿肌肉的凸、凹程度以及鬐甲棘突的高、低等（表3-10，图3-11）。

表3-10 棱角性评分标准

评分	1	2	3	4	5	6	7	8	9
标准	极差		差		中等		明显		极明显

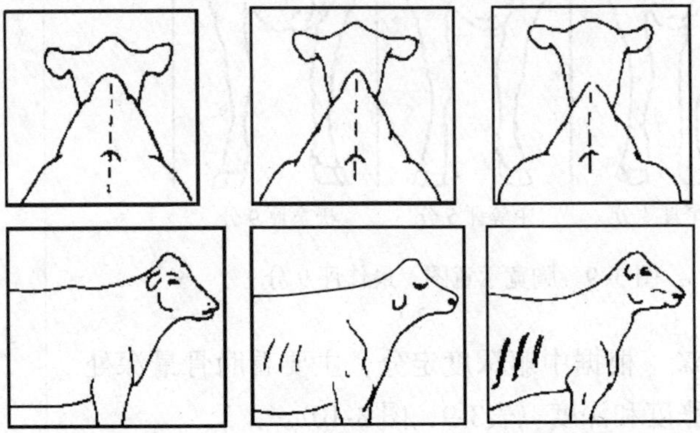

粗重（极粗重）　清秀（中等）　极清秀（棱角明显）
极差评1分　　　中等评5分　　极明显评9分

图3-11 棱角性评分示意图　最佳评9分

（5）尻角度 从侧面看，为腰角到坐骨结节连线与水平面之间的夹角，即坐骨端与腰角的相对高度（表3-11，图3-12）。

表3-11 尻角度评分标准

评分	1	2	3	4	5	6	7	8	9
标准	−5厘米	−3厘米	−1厘米	0厘米	+4厘米	+5厘米	+6厘米	+7厘米	+8厘米
	腰角低			前后等高			深		腰角高

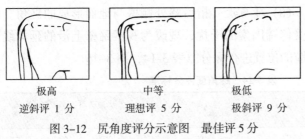

极高	中等	极低
逆斜评 1 分	理想评 5 分	极斜评 9 分

图 3-12　尻角度评分示意图　最佳评 5 分

（6）尻宽　为两坐骨端之间宽度（表 3-12，图 3-13）。

表 3-12　尻宽评分标准

评分	1	2	3	4	5	6	7	8	9
标准	10 厘米	12 厘米	14 厘米	16 厘米	18 厘米	20 厘米	22 厘米	24 厘米	26 厘米

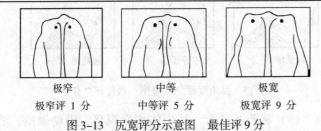

极窄	中等	极宽
极窄评 1 分	中等评 5 分	极宽评 9 分

图 3-13　尻宽评分示意图　最佳评 9 分

（7）后肢侧视　从侧面观察被鉴定牛后肢飞节的弯曲程度（表 3-13，图 3-14）。

表 3-13　后肢侧视评分标准

评分	1	2	3	4	5	6	7	8	9
标准	165° 直飞节	155° 较直飞节			145°		135° 较曲飞节		125° 极曲飞节

直飞	中等	曲飞
极直评 1 分	中等评 5 分	极曲评 9 分

图 3-14　后肢侧视评分示意图　最佳评 5 分

（8）蹄角度　指后蹄外侧壁与地面形成的夹角。因易受修蹄因素的干扰，现改为观察蹄壁上沿的延伸线到前肢的位置进行评分（表3-14，图3-15）。

表3-14　蹄角度评分标准

评分	1	2	3	4	5	6	7	8	9
	15°	25°	35°	40°	45°	55°	65°	70°	75°
标准	蹄上沿延伸线到前肢肘部				到前肢膝关节				到前肢膝关节以下

极低评 1 分　　中等评 5 分　　极陡评 9 分

图 3-15　蹄角度评分示意图　最佳评 7 分

（9）前乳房附着　从牛体侧面观察，借助触摸，看前乳房与体躯腹壁连接附着程度进行评分（表3-15，图3-16）。

表3-15　前乳方附着评分标准

评分	1	2	3	4	5	6	7	8	9
标准	极弱		弱		中等		强		极强

 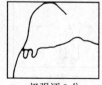

极弱评1分　　中等评5分　　极强评9分

图 3-16　前乳房附着评分示意图　最佳评 9 分

（10）后乳房高度　鉴定员主要从牛体后方观察后乳房与后腿连接点，即乳腺组织上缘到阴门基部的距离（表3-16，图3-17）。

表 3-16　后乳房高度评分标准

评分	1	2	3	4	5	6	7	8	9
标准	极低 32厘米		低 28厘米		中等 24厘米		高 20厘米		极高 16厘米

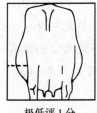 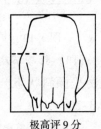

极低评1分　　中等评5分　　极高评9分

图 3-17　后乳房高度评分示意图　最佳评9分

（11）后乳房宽度　为后乳房与后腿连接点之间的距离，即乳腺组织上缘的宽度（表3-17，图3-18）。

表 3-17　后乳房宽度评分标准

评分	1	2	3	4	5	6	7	8	9
标准	极窄 7厘米		窄 11厘米		中等 15厘米		宽 19厘米		极宽 23厘米

极窄评1分　　中等评5分　　极宽评9分

图 3-18　后乳房宽度评分示意图　最佳评9分

（12）悬韧带　后乳房基部至中央悬韧带处的深度（表3-18，图3-19）。

表 3-18　悬韧带评分标准

评分	1	2	3	4	5	6	7	8	9
标准	乳中沟极浅 0 厘米	浅 0.6 厘米	1.5 厘米	2.1 厘米	中等 3 厘米	3.7 厘米	深 4.5 厘米	5.2 厘米	乳中沟极深 6 厘米

极弱评 1 分　　　　中等评 5 分　　　　极强评 9 分

图 3-19　中央悬韧带评分示意图　最佳评 9 分

（13）乳房深度　指牛只乳房底部到飞节的距离。若乳房呈倾斜状态，则为最低点到飞节的距离（表3-19，图 3-20）。

表 3-19　乳房深度评分标准

评分		1	2	3	4	5	6	7	8	9
标准	一胎	极低 飞节平	飞节上 3 厘米	低 飞节上 6 厘米	飞节上 8 厘米	适中 飞节上 12 厘米	飞节上 14 厘米	高 飞节上 16 厘米	飞节上 18 厘米	极高 飞节上 20 厘米
	三胎	低于飞节 6 厘米	飞节下 4 厘米	飞节下 2 厘米	飞节平	飞节上 5 厘米	飞节上 7 厘米	飞节上 9 厘米	飞节上 12 厘米	飞节上 15 厘米

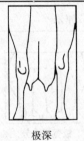 

极深　　　　　　　中等　　　　　　　极浅

图 3-20　乳房深度评分示意图

（14）乳头位置　为前后乳头在乳区内的位置（图 3-21）。

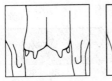

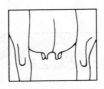

极外(1分)　　　　　中等(5分)　　　　　极内(9分)

图 3-21　乳头位置评分示意图

(15) 乳头长度　见图 3-22。

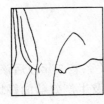

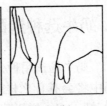

短(1分)　　　　　中(5分)　　　　　长(9分)

图 3-22　乳头长度评分示意图

线性分转化为功能分

15 个线性性状评分完成以后，可由计算机软件转换为功能评分，然后用这些功能评分乘以不同的权重系数（表 3-20），即可得出总评分，从而进行奶牛等级划分。

表 3-20　奶牛外貌评定总评分及特征性状的权重构成

性状	体躯容积 (15分)			乳用特征 (15分)					一般外貌 (30分)						泌乳系统 (40分)						总评 (100)
具体性状	体高	胸宽	体深	尻宽	棱角性	尻角度	尻宽	后肢侧视	蹄角度	体高	胸宽	体深	尻角度	尻宽	后肢侧视	蹄角度	前乳房附着	后乳房高度	后乳房宽度	悬韧带	乳房深度	乳头位置	乳头长度
权重	20	30	30	20	60	10	10	10	10	15	10	10	15	10	20	20	20	15	10	15	25	7.5	7.5

确定体型线性评定等级

见表 3-21。

表 3-21　奶牛外貌评定等级划分

	等级划分	总评分
1	优秀（EX）	90～100

（续）

等级划分		总评分
2	很好（VG）	85～89
3	好＋（GP）	80～84
4	好（G）	75～79
5	一般（F）	65～74
6	差（P）	65分以下

4. 奶牛选种选配

奶牛场选用种公牛的好坏直接关系着3年以后该牛场中将会有什么样产奶能力的母牛及生产效益的好坏。"好精一支，增奶数吨"，这也是广大奶农对"种"带来的高效益的真实感受和称赞。科学合理地选择种公牛对奶牛场至关重要。

科学合理的奶牛选配技术方案如下（图3-23）：

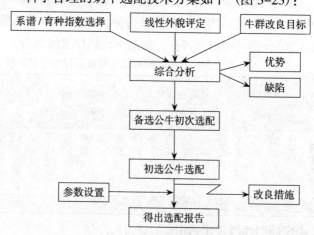

图3-23 奶牛选配技术流程图

×××奶牛选配方案报告①

（2006.07.27）

服务单位：广东省英德市九龙镇××奶牛场

单位地址：广东省英德市九龙镇（邮编：513029）

①×××为国内一家牛场所做的选配方案，供大家参考学习。

联系人：×××总经理

Tel/Fax：××××××；××××××（Fax）

一、繁育目标

序　号	改良项目	现有水平	改良目标
1	奶产量（千克）	5 000	9 000
2	乳蛋白量（千克）	—	280
3	乳脂肪（千克）	—	300
4	产奶寿命（月）	—	＋0.8
5	肢蹄结构	—	＋1.0
6	乳房结构	—	＋0.8
7	体细胞数评分	—	2.85

二、近交系数核算

说明：

近交值：利用 CRI 全球公牛资料数据库，核算出所选公牛和预配母牛间的真实近交值，并以该近交系数为基础，借助计算机模拟系统，核算出其女儿各项真实育种值，平均近交系数以 4.5% 为标准。

TPI：体型效益综合指数　　PTA-M：预增奶产量

PTA-F：预增乳脂量　　PTA-P：预增乳蛋白量

UDC：乳房结构改良指数　　FLC：肢蹄结构改良指数

PTA-T：体型改良指数　　SCS：体细胞数评分

PL：产奶寿命延长指数

PTA-M：以美国 2000 年出生母牛群平均产奶量为零值（基础值）。其实际值：11 664.5 千克。

PTA-F：以美国 2000 年出生母牛群平均乳脂量为零值（基础值）。其实际值：425.1 千克。

PTA-P：以美国 2000 年出生母牛群平均乳蛋白产量为零值（基础值）。其实际值：350.5 千克。

制作单位：×××公司

分析人：×××　审核人：×××　负责人：×××

与配母牛：31101010女儿

父号 31101010　母号

祖父号 CAN6483076　外祖父号

祖母号 USA18033902　外祖母号

序号	与配公牛号		初选牛	近交系数	预增奶量（千克）	预增乳脂（千克）	预增乳蛋白量（千克）	预增产奶寿命（月）	体细胞指数改进	体型改进	乳房改进	肢蹄改进	总育种值
1	001BOO6738	罗纳德		6.1%	437	4.5	11.8	1.3	3.1	1.25	1.05	0.07	1410
2	001BOO5627	完整	★	5.5%	545	6.8	14	1.7	3.1	0.48	0.38	0.51	1403
3	001BOO6670	里奥		5.5%	294	20.5	12.7	0.2	3.16	0.45	0.32	0.26	1407
4	001BOO6487	马克		9.0%	264	7.7	9	-0.2	3.04	0.75	0.7	0.51	1305
5	001BOO6773	品特奇		6.6%	114	14	7.7	0.2	2.92	0.64	0.8	-0.23	1360
6	001BOO7127	黄	★	4.9%	583	16	18.6	0.8	3.04	1.03	1.14	0.65	1557
7	001BOO6721	豪思		7.3%	334	10.9	7.3	0.7	2.89	1.3	1.14	0.47	1412
8	001BOO6671	摩非		5.0%	509	12.3	15.5	0.5	3.13	0.9	0.62	1.1	1451
9	001BOO5588	索萨		6.0%	580	9.6	12.7	0.9	3.06	1.1	0.91	0.29	1430
10	001BOO6874	杰瑞克	★	5.6%	541	13.6	17.3	0	2.95	0.76	0.39	0.37	1443
11	001BOO7128	阿里		5.0%	620	6.4	17.3	-0.1	2.97	0.93	0.72	0.3	1414
12	001BOO7235	奇迹		5.7%	396	14	12.7	0.9	3.04	1.92	1.91	0.55	1561

选配结果预测

与配母牛：31101008女儿

父号 31101008　母号

祖父号 USA2228548　外祖父号

祖母号 CAN6806495　外祖母号

序号	与配公牛号		初选牛	近交系数	预增奶量（千克）	预增乳脂（千克）	预增乳蛋白量（千克）	预增产奶寿命（月）	体细胞指数改进	体型改进	乳房改进	肢蹄改进	总育种值
1	001BOO6738	罗纳德	★	4.8%	621	15.5	22.7	0.6	3.08	0.6	0.16	-0.01	1518
2	001BOO5627	完整	★	4.9%	717	16.8	24	0.9	3.08	-0.17	-0.52	0.44	1490
3	001BOO6670	里奥		7.9%	410	29	20.5	-1.2	3.13	-0.22	-0.59	0.17	1437
4	001BOO6487	马克		5.6%	488	20	21	-0.3	3.03	0.11	-0.19	0.45	1453
5	001BOO6773	品特		7.8%	252	23.6	16.8	-1	2.89	-0.03	-0.11	-0.31	1419

选配结果预测

（续）

序号	选配结果预测 与配公牛号	初选牛	近交系数	预增奶量（千克）	预增乳脂量（千克）	预增乳蛋白量（千克）	预增产奶寿命（月）	体细胞指数改进	体型改进	乳房改进	肢蹄改进	总育种值
6	001BO07127 爽奇		17.7%	506	18.6	20.5	−2.8	2.99	0.35	0.22	0.54	1 404
7	001BO06721 豪思	★	4.5%	547	22.7	19	0.5	2.88	0.66	0.26	0.4	1 554
8	001BO06671 摩非		7.9%	615	20.9	23.6	−1	3.1	0.24	−0.29	1.01	1 484
9	001BO05588 索萨		7.8%	707	18.6	22	−0.4	3.03	0.44	0	0.2	1 484
10	001BO06874 杰瑞克	★	5.4%	705	23.6	27	−0.9	2.93	0.11	−0.51	0.3	1 528
11	001BO07128 阿里		7.7%	730	15	26	−1.6	2.94	0.27	−0.19	0.21	1 453
12	001BO07235 奇迹		8.0%	514	22.7	21.4	−0.4	3.01	1.26	1.01	0.47	1 607

与配母牛：61202015 女儿

父号 61202015	祖父号 CAN6129909
母号	祖母号 CAN6961100
	外祖父号 CAN6129909
	外祖母号

序号	选配结果预测 与配公牛号	初选牛	近交系数	预增奶量（千克）	预增乳脂量（千克）	预增乳蛋白量（千克）	预增产奶寿命（月）	体细胞指数改进	体型改进	乳房改进	肢蹄改进	总育种值
1	001BO06738 罗纳德	★	4.6%	454	4.6	14.1	1.7	2.97	0.27	0.16	0.08	1 372
2	001BO05627 完整		10.9%	434	2.7	11.8	0.6	2.96	−0.52	−0.53	0.51	1 231
3	001BO06670 奥里		4.9%	295	19.1	13.6	0.5	3.04	−0.54	−0.58	0.27	1 331
4	001BO06487 马克		5.7%	315	8.6	11.8	0.7	2.92	−0.23	−0.19	0.53	1 294
5	001BO06773 品特		4.7%	139	14.1	10	0.7	2.8	−0.35	−0.1	−0.22	1 315
6	001BO07127 爽奇	★	4.8%	575	15	20	0.9	2.91	0.04	0.25	0.66	1 485
7	001BO06721 豪思		5.1%	365	10.9	16.8	1.4	2.77	0.32	0.26	0.49	1 389
8	001BO06671 摩非	★	5.3%	494	11.4	14.6	0.6	3	−0.09	−0.28	1.11	1 385
9	001BO05588 索萨	★	5.1%	587	8.6	15.5	1.2	2.94	0.11	0.01	0.3	1 367
10	001BO06874 杰瑞克		10.2%	445	9.1	15.5	−0.8	2.82	−0.24	−0.52	0.37	1 276
11	001BO07128 阿里		10.2%	513	2.3	15	−1	2.84	−0.07	−0.19	0.3	1 246
12	001BO07235 奇迹		4.8%	403	13.6	15	1.2	2.92	0.93	1.02	0.56	1 516

★：表示通过预测比较，初选出来适合的公牛。

公 牛 推 荐 表

序号	公牛精液代码	牛名	TPI	PTA-M (千克)	可信度 (%)	PTA-P (千克)	PTA-F (千克)	PTA-T	UDC	FLC	SCS	女儿数	牛群数	女儿平均产奶量 (千克)	适配母牛
1	001HO05627	完整	1 570	908	91	21.8	12.3	-0.1	-0.11	1.06	3.04	106	75	12 040	31101010、3110 1008 的女儿
2	001HO06874	杰瑞克	1 642	904	88	28.2	25.5	0.46	-0.1	0.78	2.75	88	67	12 470	31101010、3110 1008、3110 4451 的女儿
3	001HO07128	阿里	1 579	1 040	84	28.2	11.4	0.79	0.56	0.63	2.79	63	42	12 652	31101010、3110 4451 的女儿
4	001HO05588	索萨	1 635	998	91	18.2	20	1.13	0.94	0.61	2.97	122	78	12 589	61202015、3110 4451 女儿

图 3-24 奶牛选配方案案例

来源：×××公司

注：图 61202015 的父亲为非验证公牛，故而数据计算有所矫正。

建议：1. 首选使用公牛 001HO06874（杰瑞克）和 001HO05588（索萨）；

2. 公牛遗传品质要高于母牛群的遗传水平；现用公牛遗传品质要高于先前使用公牛品质；

3. 改良性状不宜面面俱到，一般以不超过 4 项为宜；

4. 公牛选择不宜过多，应根据牛群数量和血缘关系，每年选择2~3头，尽量避免牛群存在过多血缘，以利于下一年度选配方案的制订；

5. 以遗传改良进展（本年度着重考虑提高乳产量）为主，适当控制近交关系。

制订牛群的改良目标（育种目标）

改良目标（育种目标）应当根据每一个奶牛场的具体情况来制订，但其最终目标都是想得到更多的高产奶牛。具有下列特征的奶牛才能为牛场带来利润：

◆ 每一个泌乳期的产奶量都高；

◆ 每一头奶牛的产奶寿命都比较长；

◆ 所产的牛奶品质好，市场价值高。

（1）改良的性状 奶牛具有许多与遗传有关的性状表现（表3-22）。

（2）改良性状的选取 应该根据不同牛群的需要和

表3-22 具有重要经济价值的性状及遗传力[1]

性 状	遗传力	经济价值
生产性状：		
产奶量	0.25	不定
乳脂量	0.25	不定
乳蛋白量	0.25	不定
牛奶固定总产量	0.25	不定
乳脂率	0.50	不定
乳蛋白率	0.50	不定
体型性状：		
总体型评分	0.30	中等
体型大小	0.40	低
四肢	0.16	低
蹄角度	0.10	低
乳房深度	0.25	中等
乳房支撑状况	0.15	中等
乳头位置和形状	0.20	低
其他性状：		
挤奶速度	0.11	低
乳房炎（体细胞计数）	0.10	中等
产犊难易度	0.05	低
出生时体重	0.35	低
生殖力（空怀天数）	0.05	低

[1]遗传力：是一个统计学概念，是针对群体，而不是用于个体。反映了遗传变异和环境变异在表型变异中所占的比例，遗传力的数值会受环境变化的影响。

①牛群年龄结构：指牛场中牛群的年龄和胎次比例，一般1~2胎母牛占成母牛总数的40%，3~5胎母牛占40%，6胎及以上母牛占20%，老弱病残母牛应当淘汰。

②牛场中核心群、生产群和淘汰群的比例称为牛群的遗传结构。一般奶牛场遗传结构为：核心群占成母牛的30%，生产群占60%，淘汰群占10%。

牛场的经济效益目标，依次选取要改良的性状。一般以生产性状为主，其次是体型和其他性状。同时，一个选配方案中总是有不止一个性状需要改良，我们可以根据主次，选取若干个改良目标，但也不宜选取过多，一般以 3~4 项为宜，过多将减慢遗传改良的速度（表3-23）。

表 3-23　遗传改良速度与所选性状数量的关系

选取的性状数量	1	2	3	4	5	6	7
相对遗传改良速度（%）	100	71	58	50	45	41	38

▶ 母牛的选留与淘汰

要制订奶牛群的选种方案，首先必须调整好牛群的年龄结构①和遗传结构②。淘汰低劣牛只，选留优秀母牛参加生产和扩繁，以保证牛群结构的动态平衡（表3-24）。

表 3-24　后备奶牛早期选种方案

选择时期	核心群后代	生产群后代	淘汰群后代	留养母犊占成年母牛的比例
初生时期	留养率100%	初生重 38 千克以上的留种率为 70%~75%	留养率为：0	35%~37%
3 月龄时期	留养率98%~99%	生产群后代体重达 90 千克、胸围 100 厘米、体高 90 厘米以上者留养，留养率为45%~50%		27%~29%
6 月龄时期	无论核心群还是生产群的后代，凡是体重达到 160 千克、胸围 125 厘米、体高 102 厘米以上的留养，留养率为90%			25%左右
15~16 月龄（配种）时期	除极个别因繁殖障碍淘汰外，均予留种			20%~25%

▶ 种公牛精液的选择

在奶牛繁殖生产中，经常会使用人工授精技术。但是使用什么样的公牛精液配种是需要认真对待的问题。许多农民朋友认为只要让奶牛怀孕，什么样的公牛精液都可以使用，这是一种非常错误的认识。

选配计划是整个牛群育种的核心。精液的选择必须以选配计划为依据。随着全球育种进程的加速，人们不再仅仅考虑生产性状的遗传因素，体型外貌、配合力、畜群寿命、体细胞性状的评定已经被列入遗传改良范畴。

(1) 选择原则

◆ 公牛遗传品质要高于母牛群遗传水平；

◆ 现用公牛遗传品质要高于先前使用公牛品质；

◆ 用于后备牛的公牛遗传品质要高于用于其母亲的公牛遗传品质。

(2) 选择依据

◆ 符合牛场的遗传改良目标；

◆ 公牛精液的遗传品质优秀（后裔生产性能优秀）；

◆ 公牛与母牛群具有较好的配合力；

◆ 具有合理的近交系数；

◆ 企业具有良好的信誉和产品服务体系；

◆ 产品价格经济。

(3) 选择方法

①系谱选择：奶牛系谱是牛群管理的基础资料，包括奶牛编号、出生日期、亲代和祖先的基本资料。系谱选择是根据所记载的祖先情况，估测来自祖先各方面的遗传性。按系谱选择后备母牛，应考虑来源于父亲、母亲及外祖父的育种值。特别是产奶量性状的选择，不能仅以母亲的产奶量高低作为唯一选择标准，还应考虑其乳脂率、乳蛋白率等性状，并且应同等考虑父母的遗传特性。

②指数选择：指数选择是科学、准确地进行奶牛选配的方法。选种指数可用来确定哪些公畜最符合总的育种目标，而不仅是考虑某一特定性状的遗传

价值。

（4）选择数量 每年牛群改良所需选择种公牛的数量应根据牛群大小、血缘关系和改良目标而定。以 2~3 头为宜，尽量避免牛群引入过多血缘，以利于下一年度选配方案的制订。

四、奶牛饲料

目标

- 了解奶牛常用饲料的种类
- 了解奶牛饲料的营养特性和作用
- 了解奶牛饲料饲喂的注意事项

奶牛是草食性家畜，味觉和嗅觉敏感。喜欢采食草类饲料，尤其是青绿饲草和块根饲料，且喜欢采食带甜味和咸味的饲料。用于饲养奶牛的饲料在生产上一般分为粗饲料、精饲料、青绿多汁饲料、矿物质饲料和饲料添加剂（图4-1）。

1. 粗饲料

奶牛饲喂粗饲料的重要意义：

◆ 为奶牛提供营养物质；

◆ 在消化道中起到填充作用；

◆ 保证奶牛正常的反刍活动；

◆ 促进胃肠蠕动；

◆ 提高饲料消化率；

◆ 利于乳脂率的提高；

◆ 保持奶牛瘤胃的酸碱平衡；

◆ 降低奶牛饲养成本，提高经济效益。

▶ 牧草

（1）牧草种类　奶牛牧草可分为豆科牧草、禾本科牧草和谷物类牧草三大类（表4-1）。

49 ◀

①粗饲料：干物质中粗纤维含量大于或等于18%的饲料，统称粗饲料。

②精饲料：干物质中粗纤维含量小于18%的饲料，统称精饲料。其又分能量饲料和蛋白质补充料。干物质中粗蛋白含量小于20%的精饲料，称为能量饲料；干物质中粗蛋白含量大于或等于20%的精饲料，称为蛋白质补充料。

③多汁饲料：干物质中粗纤维含量小于18%，水分含量大于75%的饲料，称为多汁饲料。

④矿物质饲料：可供饲用的天然矿物质，以补充钙、磷、镁、钾、钠、氯、硫等常量元素（占体重0.01%以上的元素）为目的。

⑤饲料添加剂：为补充营养物质，提高生产性能，提高饲料利用率，改善饲料品质，促进奶牛生长繁殖，保障奶牛健康而掺入饲料中的少量或微量营养性或非营养性物质，称为饲料添加剂。

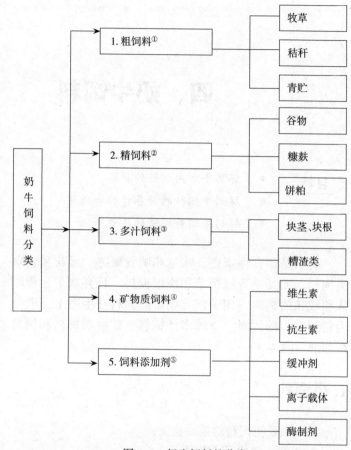

图4-1 奶牛饲料的分类

表4-1 几种常见牧草的营养成分（以干物质为基础，%）

牧草种类	成熟度	粗蛋白	中性洗涤纤维	酸性洗涤纤维	钙	磷	镁	钾
苜蓿	孕蕾期	21	40	30	1.4	0.30	0.34	2.5
	早花期	19	44	34	1.2	0.28	0.32	2.4
雀麦	营养期	19	51	31	0.6	0.30	0.26	2.0
	早穗期	15	56	38	0.5	0.26	0.25	2.0
玉米青贮	蜡熟期	8	50	27	0.3	0.20	0.20	1.0
	黑层出现	8	46	26	0.3	0.20	0.20	1.0
小型谷物干草	抽穗期	11	60	40	0.5	0.25	0.23	1.0
	蜡熟期	10	65	43	0.5	0.25	0.23	1.0

来源：奶牛科学（第四版），张沅等主译。

①豆科牧草：是最好的饲草。与禾本科牧草相比，豆科牧草中蛋白质、维生素和矿物质含量高，产量也高，而且适口性好。同时，它们还可以起到固氮①的作用。豆科牧草中代表性的牧草有：苜蓿、三叶草、胡枝子、大豆和豇豆。最具代表性的豆科牧草为苜蓿（图4-2）。

①固氮：牧草根部的细菌（根瘤菌）可摄取空气中的氮气，将游离态的氮（氮气）转化为含氮化合物（如硝酸盐、氨、二氧化氮）的过程。

图 4-2　紫花苜蓿

苜蓿是世界上栽培历史最长、栽培面积最大，在牧草中作用最大的饲草，被称为"牧草之王"。苜蓿为多年生豆科牧草。苜蓿青草及其调制的青贮、干草、草粉是许多家畜必不可少的饲料。因营养丰富、产草量高、适应性强、生长寿命长等优良性状，苜蓿远近闻名，对世界农牧业发展具有重要作用。

◆ 营养成分　苜蓿干物质中粗蛋白质含量为15%～25%，相当于豆饼的一半，比玉米高1～1.5倍。干草消化率以营养期为最高，开花期刈割制成的干草中粗蛋白含量可达17%左右，其中，叶片含粗蛋白质23%～28%，茎秆中含粗蛋白质10%～12%。必需氨基酸含量比玉米高，鲜草中赖氨酸含量与玉米相当，而其干草中含量比玉米高5.7倍。苜宿还含有多种家畜需要的维生素和微量元素。如青干草中含胡萝卜素50～160毫克/千克，核黄素

8～15毫克/千克，维生素 E 150毫克/千克，维生素 B$_5$ 50～60毫克/千克，维生素 K 150～200毫克/千克，含微量元素钼和钴各0.2毫克/千克。

◆ **生长特性** 苜蓿生长旺盛，产量高峰期为4～5年。一般年份，北方可收草3～4次，南方可收草4～6次。苜蓿产草量很高，灌溉条件下亩产干草可达1 000千克或更高。此外，苜蓿还具有固土保水、改良土壤、提供蜜源、保护环境等多种功效。其他主要豆科牧草还有白花三叶草、红花三叶草（图4-3、图4-4）。

图4-3　白花三叶草

图4-4　红花三叶草

②禾本科牧草：生长条件比较宽泛，但干物质亩产量较低。如果在成熟期收割，禾本科干草的适口性以及蛋白质和矿物质含量都低于豆科牧草。但是，如果对禾本科牧草施以重肥并在成熟早期收割，它们的适口性比较好，而且其蛋白质含量与苜蓿相当。禾本科牧草主要包括苏丹草、百慕大草、草地草、小糠草、结缕草、果园草、牛毛草和猫尾草等。代表性禾本科牧草为羊草（图4-5）。

◆ **地理分布** 羊草分布广泛，我国境内一半以上地

图4-5 羊 草

区有分布，主要分布中心在东北平原、内蒙古东部和华北的山区、平原、黄土高原，西北各省、自治区也有广泛分布。主要分布在半干旱半湿润地区，为我国温带草原地带性植物的优势种，也是欧亚草原区东部草原的基本类型。以羊草为主构成的草原牧草，富有良好的营养价值，适口性高，因此，羊草被称为牲畜的"细粮"。

◆ 饲用价值　羊草是中型宽叶的禾草，生态习性属旱生和中旱生之间，在适宜的生境条件下，羊草的营养枝可得到充分发育，形成茎叶并茂的草丛，青绿时富含蛋白质，在野生的禾本科牧草中它是营养价值优良的草种。在种子成熟后，茎叶绝大部分仍能保持绿色，进行割草，既当饲草，又可收获种子，还可保持草原生产的稳定。全年各种牲畜对羊草有不同的采食程度，对于幼畜的发育，成畜的肥育、繁殖，具有较高的营养价值。羊草草原在东北及内蒙古东部草场中，占有极重要的地位，牧民把羊草评为头等饲草，认为在春季有恢复家畜体力，夏、秋季有抓膘催肥，冬季有补料的作用。其他禾本科牧草还有苏丹草、玉带草等（图4-6、图4-7）。

图 4-6　苏丹草

图 4-7　玉带草

③谷物类牧草：谷物类牧草蛋白质含量低，需要与豆科牧草、禾本科牧草或蛋白质补充料一同饲喂。如果收割得太早，谷物牧草产量低；收割得太晚，其纤维含量太高，饲喂价值降低。谷物类牧草包括燕麦、大麦、小麦和黑麦等。在充分灌浆之前的盛花期收割的谷物干草，其饲喂价值很高。谷物类主要代表牧草为黑麦草（图 4-8）。

黑麦草在春、秋季生长繁茂，草质柔嫩多汁，适口性好，是牛、羊、兔、猪、鸡、鹅、鱼的好饲料。供草

图 4-8　黑麦草

期为 10 月至次年 5 月，夏天不能生长。

◆ 营养成分　粗蛋白 4.93%，粗脂肪 1.06%，无氮浸出物 4.57%，钙 0.075%，磷 0.07%。其中粗蛋白、粗脂肪比本地杂草含量高出 3 倍。

◆ 生长特点　黑麦草须根发达，但入土不深，丛生，分蘖很多，种子千粒重 2 克左右，喜温暖湿润土壤，适宜土壤 pH 6 ~ 7。该草在昼夜温度 12 ~ 27℃时再生能力强，光照强、日照短、温度较低对分蘖有利，遮阳对黑麦草生长不利。黑麦草耐湿，但在排水不良或地下水位过高时不利于黑麦草生长。黑麦草可在短时间内提供较多青饲料，是春、秋季畜禽的良好饲草资源。其他谷物类牧草还有野燕麦草、小麦等（图 4-9、图 4-10）。

图 4-9　野燕麦草

图 4-10　小　麦

（2）牧草的处理、加工

①收割：收割时期对干草质量影响很大，因为牧草在趋向成熟时，干物质的消化率会下降，蛋白质的含量也会下降，但过早收割会影响饲草产量，而且幼嫩饲草相对较高的含水量会增加干草调制的难度和成本。因此，选择适宜的收割期，对保证调制干草的质量和效果非常重要。

禾本科类牧草一般应以抽穗初期至开花初期收割为宜，抽穗初期收割，其生物产量、养分含量均最高，质地柔软，非常适于调制青干草。但开花结实后，茎秆就会变得粗硬光滑，此时牧草的生物产量、养分含量、可消化性等均已有很大下降，用于调制青干草，其饲用价值也会明显降低。

豆科类牧草以始花期到盛花期收割为最好。因为此时牧草的养分含量比其他任何时候都要丰富，茎、秆木质化程度低，有利于草食家畜的采食、消化。这类牧草一般生长到开花期后茎秆逐渐变得粗硬光滑，木质化程度提高，调制的青干草饲用价值下降（表4-2、表4-3）。

表4-2　推荐几种混播牧草的适宜刈割期

牧　　草	适宜刈割期	说　　明
苜蓿和三叶草		
初次刈割	现蕾期	生长期在35天以上
再生刈割	1/10现花阶段	间隔40天刈割
豆科—禾本科混播牧草		
初次刈割	豆科牧草现蕾至初花	提早刈割可以减少禾本科牧草对豆科牧草的生长抑制；三叶草的再次刈割间隔可适当延长
再生刈割	豆科牧草1/10现花	
禾本科牧草		
初次刈割	孕穗期或早花期	与豆科牧草不同，禾本科牧草的再生刈割时间并不十分重要
再生刈割	生物量最大的时期	

表4-3　几种牧草品种的适宜收割期

牧草品种	适宜收割期
苜蓿	少于1/10花开时或长新花蕾时
红三叶	早期至1/2开花期
杂三叶	早期至1/2开花期
绛三叶	开花开始时
草木樨	开花开始时
红豆草	1/2豆荚充分成熟
大豆草	1/2豆荚充分成熟
胡枝子	盛花期
绢毛铁扫帚	株高30～40厘米
白三叶	盛花期
禾本科草	抽穗至开花期
苏丹草	开始抽穗
小谷草	籽粒乳熟期至蜡熟期

②晒制：是调制牧草的主要手段，方法简单、方便、制作成本低，但由于制作环境不能人为控制，日照强度、温度、翻晒甚至雨淋等使青干草的养分损失增大。用此法调制干草选择开花期牧草比抽穗期或花蕾期的牧草营养损失小。以设备烘干进行干草调制，其调制环境可人为控制，调制出的干草质量高、养分损失少，适合于各种不同用途、不同收割期的牧草，但成本较高。

◆ 自然干燥法　收割后的牧草在原地或者运到地势比较高燥的地方进行晾晒。通常收割的牧草干燥 4~6 小时可使其水分降到 40%左右，用搂草机搂成草条继续晾晒，使其水分降至 35%左右，用集草机将草集成草堆，保持草堆松散通风，直至牧草完全干燥（图 4-11）。

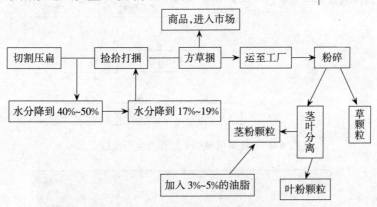

图 4-11　牧草自然干燥过程及生产流程

◆ 混合脱水干燥法　牧草在田间晾晒一定时间，待含水量降至一定水平，将其直接送往加工厂进行后续干燥，加工成所需的草产品。该法烘干时所耗能量较少，烘干设备可以设计小些，因此可以降低生产成本（图 4-12）。

◆ 机械烘干法　利用牧草烘干机对牧草进行快速、高温干燥。该法可使含水量 80%~85%的新鲜牧草在烘干机内数分钟，甚至几秒钟使水分下降到 5%~10%。对牧草

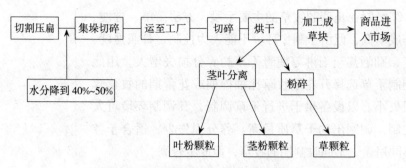

图 4-12　牧草混合脱水干燥过程及生产流程

的营养物质含量及消化率几乎无影响，并保持了鲜草的颜色、香味（图 4-13、图 4-14）。

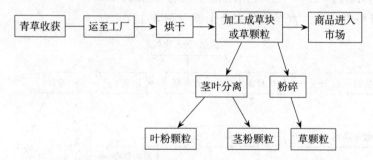

图 4-13　牧草机械烘干过程及生产流程

图 4-14　牧草烘干机组

③加工：牧草加工常见的有直接打成草捆及压制草块、草颗粒和生产草粉。

◆ 直接打捆　在田间直接对晒制的干草进行打捆，利于存储和运输。常见打捆类型有矩形草捆和大型圆草捆（图4-15、图4-16）。

图 4-15　矩形草捆　　　　　　　图 4-16　圆形草捆

◆ 草块　利用机械设备将干草生产成致密的优质牧草块或草饼。草块保留了草颗粒的优点，同时避免了草颗粒的缺点。与细碎饲草压成的草颗粒一样，草块适于自动饲喂装置。与长草相比，草块的运输和储藏成本较低（图4-17）。

◆ 草颗粒　指牧草被细致地切碎并压成颗粒。其缺

图 4-17　牧草压块

点是饲草被切得过碎，导致奶牛消化失调或乳脂率降低。建议草最小长度为 0.6 厘米（图 4-18）。

◆ 草粉　从保存营养角度看，加工成草粉的营养成分损失较少。在自然干燥条件下，牧草的营养损失常达 30%~50%，胡萝卜素损失高达 90% 左右。而牧草经人工强制通风干燥或高温烘干，加工成草粉可显著减少营养物质的损失，一般干物质损失仅 5%~10%，胡萝卜素的损失仅 10%（图 4-19）。

图 4-18　牧草颗粒

图 4-19　苜蓿草粉

④储藏：优质牧草有赖于恰当地储藏。通常情况下，不同地区的储藏方法不同。在比较干旱的地区，秋季和冬初的降水量很小，散草或草捆储藏效果比较好。在降水量大的地区，应该采取有效的防水储藏方式（图 4-20）。

图 4-20　牧草储藏方式

　　如果在储藏过程中持续出现恶劣天气，再加上保管不善，已经萎蔫的干草会恢复至含水量50%，使干草变成棕色。潮湿很快会导致过度发酵和产热，使干草颜色进一步变暗，从棕色到接近黑色，干草变甜，产生香气，适口性好。但是，受发酵和产热的影响，饲草的可消化蛋白质、总可消化养分、维生素含量和饲喂价值都降低了。同时，缩短了干草的储藏期，且储藏1~1.5个月的湿草发酵和产热可能会导致牧草自燃。

　　(3) 牧草质量的鉴别　牧草质量的好坏严重影响着奶牛的采食量和健康。优质牧草易消化并且比劣质牧草更容易通过消化道，被动物体合成营养物质。牧草的质量和价值可以通过各自典型的特性来进行评价（图4-21）。

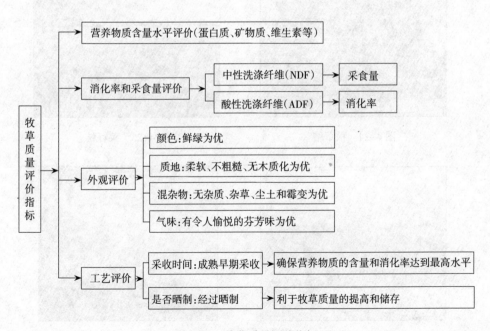

图4-21　牧草质量评价指标

> **秸秆**

为农作物收获后的秸、藤、蔓、秧、荚、壳等，如玉米秸、稻草、谷草、花生藤、甘薯蔓、马铃薯秧、豆荚、豆秸等（图4-22至图4-27，表4-4与表4-5）。

图 4-22　玉米秸秆

图 4-23　花生藤

图 4-24　稻草秸

图 4-25　菜籽秸

图 4-26　油菜秸

图 4-27　豆　秸

表 4-4　不同作物秸秆的主要营养成分　　　　　　　　单位:%

种类	干物质	灰分	粗蛋白	粗纤维	纤维成分		
					纤维素	半纤维素	木质素
玉米秸	96.1	7.0	9.3	29.3	32.9	32.5	4.6
稻　草	95.0	19.4	3.2	35.1	39.6	34.3	6.3
小麦秸	91.0	6.4	2.6	43.6	43.2	22.4	9.5
大麦秸	89.4	6.4	2.9	41.6	40.7	23.8	8.0
燕麦秸	89.2	4.4	4.1	41.0	44.0	25.2	11.2
高粱秸	93.5	6.0	3.4	41.8	42.2	31.6	7.6

表 4-5　农作物秸秆中的矿物元素和维生素含量

成　　分	稻草	小麦秸	大麦秸	玉米芯	苜蓿草
钙（％）	0.08	0.18	0.15	0.38	1.25
磷（％）	0.06	0.05	0.02	0.31	0.31
钠（％）	0.02	0.14	0.11	0.03	0.04
氯（％）	—	0.32	0.67	—	0.34
镁（％）	0.40	0.12	0.34	0.31	0.28
钾（％）	—	1.42	0.31	1.54	3.41
硫（％）	—	0.19	0.17	0.11	0.31
铁（毫克/千克）	300	200	300	210	227
铜（毫克/千克）	4.1	3.1	3.9	6.6	9.0
锌（毫克/千克）	47	54	60	—	27
锰（毫克/千克）	476	36	27	5.6	34
钴（毫克/千克）	0.65	0.08	0.26		0.09
碘（毫克/千克）	—	—	—	—	—
硒（毫克/千克）	—	—	—	0.08	—
胡萝卜素（毫克/千克）	—	2.0	2.0	1.0	202

（1）秸秆饲料的营养特点

◆ 粗纤维含量高;

◆ 蛋白质含量很低;

◆ 粗灰分含量较高;

◆ 缺乏维生素。

（2）秸秆各部位的营养价值　秸秆各部位的成分与消化率是不同的,甚至差别很大。节间茎秆部分的粗蛋白含量较低,纤维素和灰分含量最高,而消化率最低。一般叶片的灰分和纤维含量较低,消化率则远高于节间茎秆部分（表4-6）。

表4-6　稻草不同部位的化学成分和有机物体外消化率（IVOMD）

项　目	节间茎秆		叶　鞘		叶　片	
	平均	范围	平均	范围	平均	范围
粗蛋白（%，DM）	2.7	1.7～6.4	3.5	2.0～6.9	4.6	3.2～8.6
总灰分（%，DM）	15	11～20	20	14～25	18	12～25
剩余灰分（%，DM）	8	6～13	14	6～20	14	8～20
NDF（%，DM）	81	77～85	82	77～86	76	71～81
ADF（%，DM）	60	55～64	57	54～62	51	47～56
纤维素（%，DM）	47	38～51	39	33～49	31	27～35
半纤维素（%，DM）	21	13～28	25	21～31	25	20～29
木质素（%，DM）	5	4～6	5	4～6	6	4～8
IVOMD（%）	42	34～54	45	39～55	44	31～59

①物理加工法：利用人工、机械、热、水、压力等作用，通过改变秸秆的物理性状，使秸秆破碎、软化、降解，从而便于家畜咀嚼和消化的一种加工方法。

②化学处理法：物理处理一般只能改变其物理性质，对秸秆饲料营养价值的提高作用不大。化学处理则有较大的作用，它不仅可以提高秸秆的消化率，而且能够改进饲料的适口性，增加采食量。

③生物处理法：利用有益的微生物和酶等，在适宜的条件下，分解秸秆中难于被家畜消化的纤维素和木质素，提高秸秆消化率的方法。

（3）秸秆饲料的加工处理方法　见图4-28至图4-31。

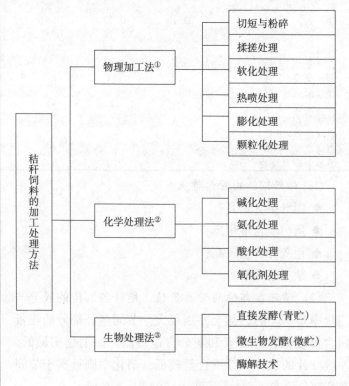

图4-28　秸秆饲料的加工处理方法

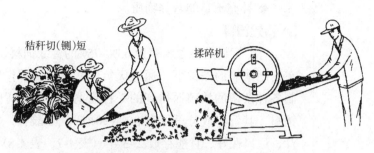

秸秆切（铡）短　　揉碎机

图 4-29　秸秆物理处理——切短与粉碎

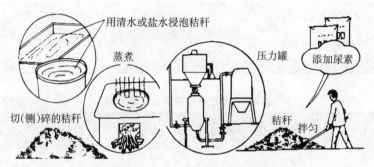

用清水或盐水浸泡秸秆

蒸煮　　压力罐　　添加尿素

切（铡）碎的秸秆　　秸秆　　拌匀

图 4-30　秸秆化学处理——秸秆氨化

图 4-31　秸秆生物处理——秸秆青贮

（4）提高秸秆饲料产量及营养价值的基本途径

◆ 选育籽实和秸秆双优的作物品种；

◆ 适时收割，及时处理；

◆ 采取合理的加工处理方法；

◆ 补充不足的营养物质。

青贮饲料

青贮饲料是将含水率为 65%~75% 的青绿饲料切碎后，在密闭缺氧的条件下，通过厌氧乳酸菌的发酵作用，抑制各种杂菌的繁殖而得到的一种粗饲料。经过青贮后的饲料，其营养成分可保存 80%~90%，气味酸香，柔软多汁，适口性好，且能存放 2~3 年（表 4-7、表 4-8）。

表 4-7　全株青贮玉米青贮前后营养成分变化　　　单位：%

时　　期	干物质	粗蛋白	中性洗涤纤维	酸性洗涤纤维	灰分	干物质有效降解率	中性洗涤纤维有效降解率
青贮前	93.77	5.37	55.00	30.00	5.64	46.47	37.97
青贮后	89.80	6.74	46.20	23.10	6.15	55.93	41.93

表 4-8　青贮料与干草消化率比较　　　单位：%

种　　类	干物质	粗蛋白	脂肪	无氮浸出物	粗纤维
干　草	65	62	53	71	65
青贮料	69	63	68	75	72

（1）青贮饲料的作用和意义

◆ 提高粗饲料的饲用价值；

◆ 改善粗饲料的适口性，提高采食量，增加产奶量；

◆ 扩大饲料来源，节约精料；

◆ 延长保存时间，利于平衡奶牛饲料淡旺季和丰歉年时的余缺；

◆ 节约生产成本，防治病虫害；

◆ 减轻人畜争粮矛盾，保障粮食安全。

（2）青贮饲料的种类　许多作物都可以用于制作青贮饲料，最常用的青贮作物是玉米，其次有高粱、豆科和禾本科牧草及其他谷物收获后的副产品、食品（绿豆、甜玉米）加工下脚料等（表 4-9）。

（3）青贮的制作方法　见图 4-32 至图 4-36。

表 4-9　几种常见青贮饲料的种类

青贮饲料种类	原料	优势、特点
玉米青贮	玉米的茎、叶、籽实	营养丰富、产量高、适口性强，是当前奶牛场常用的青贮
玉米秸青贮	玉米籽实成熟后将籽实收获，剩余的秸秆	产量高，相对玉米青贮，其营养价值略低一些，也是当前奶牛场比较常用的青贮
牧草青贮	豆科牧草和禾本科牧草	豆科牧草蛋白质含量较高而糖分含量低，满足不了乳酸菌对糖分的需要，单独青贮时容易腐烂变质。宜与禾本科牧草或饲料作物混合青贮
秧蔓、叶菜类青贮	甘薯秧、花生秧、瓜秧、甜菜叶、甘蓝叶、白菜等	多为高水分原料，需经适当晾晒后青贮。其产量比较低
混合青贮	指两种或两种以上青贮原料混合在一起制作的青贮	营养成分含量丰富，有利于乳酸菌的繁殖生长，提高青贮质量
半干青贮（低水分青贮）	原料含水率在 45%～50%，主要为牧草	此类青贮过程中，微生物发酵微弱，蛋白质不被分解，有机酸形成数量少。同时，因含水量低，干物质相对较多，也具有较多的营养物质

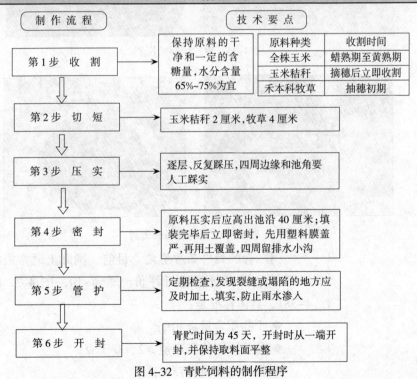

图 4-32　青贮饲料的制作程序

图 4-33　青贮饲料的收割

图 4-34　青贮饲料的粉碎

图 4-35　青贮饲料的压实

图 4-36　青贮饲料的密封

（4）青贮饲料品质鉴定　目前，国际上通常根据洗涤纤维的营养价值进行评价（表 4-10，图 4-37 和图 4-38），具体标准是：

◆ 干物质含量≥30%；

◆ 每公顷干物质产量≥2 500 千克；

◆ 粗蛋白含量＞7.0%；

◆ 淀粉含量 > 28%；

◆ 中性洗涤纤维含量 < 45%；

◆ 酸性洗涤纤维含量 < 22%；

◆ 木质素含量 ≤ 3.0%；

◆ 离体消化力 > 78%；

◆ 细胞壁消化力 > 49%。

① 不宜饲喂，以防中毒。

表 4-10　青贮饲料外观鉴别分级

分级	质 地	颜 色	气 味	湿 度
上等	质地良好，手握成团，展开后逐渐松散	黄绿色、绿色	酸味浓，有芳香味	柔软、稍湿润
中等	柔软	黄褐色、黑绿色	酸味中等或较少，芳香，稍有酒精味	稍干
下等①	干燥松散或黏软成块	黑色、褐色	酸味很少，有臭味	干燥或粘连

图 4-37　上等优质玉米青贮

图 4-38　中、下等玉米青贮

（5）饲喂青贮饲料注意事项

◆ 注意青贮饲料的发酵时间。青贮饲料完成发酵的时间一般为 30~50 天，豆科植物大约需要 90 天。

◆ 取用时，应从上端或一端开始，逐层取用，勿使泥土、杂物混入，取用后用塑料薄膜盖好，每次取出的青贮饲料以当天能够喂完为宜。保持青贮饲料的新鲜品质。

◆ 注意辨别青贮饲料的质量。发霉、腐烂、变质的不能喂牛。

◆ 饲喂数量。成年母牛每日饲喂量为 15~20 千克，育成牛每日饲喂量为 5~10 千克。幼畜，应当少喂或不喂青贮饲料。奶牛临产前 15 天和产后 15 天内，应停止饲喂青贮饲料。

◆ 饲喂方法。初期应少喂一些，以后逐渐增加到足量，让奶牛有一个适应过程，切不可一次性足量饲喂，以免造成奶牛瘤胃内的青贮饲料过多，酸度过大，反而影响奶牛的正常采食和产奶性能。

◆ 喂青贮饲料时奶牛瘤胃内的 pH 降低，容易引起酸中毒。应及时给奶牛添加小苏打。

◆ 饲喂过程中，如发现奶牛有腹泻现象，应立即减量或停喂，检查青贮饲料中是否混进霉变青贮或由其他疾病原因造成奶牛腹泻，待恢复正常后再继续饲喂。

2. 精饲料

奶牛饲喂精饲料的重要意义：
提供充足、优质的蛋白质和能量饲料。

▶ 谷物

无论是高产奶牛还是尚不能利用粗饲料的犊牛，谷物籽实均能为其提供具有高消化能的优质饲料。所以，谷物籽实是奶牛重要的精饲料来源。主要包括：玉米、高粱、黑麦、大麦和小麦等。

（1）玉米 在奶牛饲料中占主导地位，适口性好、营养丰富、富含提供能量的碳水化合物和脂肪；但玉米蛋白质量较差，且含量低，缺乏矿物质元素，特别是钙。

玉米比大麦或小麦的脂肪含量高（玉米为4%，后两者低
于2%），脂肪使玉米富含能量，而且提高了适口性。给
奶牛饲喂玉米的形式很多，可以带壳饲喂、破碎后饲喂
或者压片后饲喂（图4-39、图4-40）。

图4-39　玉米颗粒

图4-40　玉米压片

（2）燕麦　与小麦、玉米相比，燕麦含有量多且质
量较高的蛋白质和氨基酸，丰富的膳食纤维、维生素B
复合体和铁、磷、钙等矿物质（图4-41）。

图4-41　燕麦籽实

（3）大麦　大麦是世界上最古老的作物之一，世界
大麦的种植总面积和总产量，仅次于小麦、稻和玉米，
居第四位。其饲用价值相当于玉米。大麦可制作麦芽，
用以酿制啤酒，也可制麦芽糖和糊精。酒糟、饴糖渣等
大麦加工副产品，也富含蛋白质和维生素，是较好的饲

料（图4-42）。

图4-42　大麦籽实

（4）高粱　饲用高粱（图4-43）包括蜀黍、甜高粱、籽粒和牧草兼用型高粱及一些杂交种，高度2.5～4米，茎秆甜而多汁，穗较小，叶片和茎秆与玉米类似，主要用于青贮。饲用高粱茎秆中汁液含量高达50%～70%，含糖量12%～22%，用其饲喂奶牛效果要优于青贮玉米。同时，钙和磷的含量比青贮玉米高，而且钙、磷比例更合理，钾的含量也相对高一些。

图4-43　高　粱

（5）小麦　小麦是人类的主要粮食之一（图4-44）。以前，小麦很少被用作畜禽的饲料。近几年来，玉米价格偏高，有时，特别是收获季节，小麦的价格明显低于玉米，小麦蛋白质含量比玉米高得多（约高50%），小麦中磷含量也比玉米高，且小麦中含有植酸酶，能将植酸磷分解为无机磷，供动物吸收利用。另外，已有相应的酶制剂产品用来降低甚至消除小麦中的抗营养因子。因此，越来越多的企业开始用小麦作畜禽的能量饲料。小麦是牛、羊等反刍动物的良好能量饲料，饲用前应破碎或压扁，在饲粮中用量不能过多（控制在50%以下），否则易引起瘤胃酸中毒。

图4-44 小 麦

优质谷物籽实和其他精饲料的质量评价：

◆ 籽实没有裂开或破碎；

◆ 籽实水分含量低，通常干物质含量在88%以上；

◆ 籽实成色好，符合其品种特征；

◆ 精饲料和籽实没有被霉菌污染；

◆ 精饲料和籽实没有被啮齿动物或昆虫破坏；

◆ 精饲料和籽实没有被外来物质污染，如铁屑；

◆ 精饲料和籽实没有酸败气味。

▶ 糠麸

糠麸是各种粮食加工的副产品，如小麦麸、玉米皮、高粱糠、米糠等，属于能量饲料（图4-45）。

麸皮粗蛋白质含量高于原粮，其容积大，具有轻泻性，可通便润肠。

米糠的营养价值取决于大米的加工程度，精致程度越高，米糠中混入的胚乳越多，饲用价值越大。米糠的粗蛋白质含量比麸皮低，但比玉米高。米糠是能值最高的糠麸类饲料，新鲜米糠适口性好，饲用价值相当于玉米的80%~90%。但米糠中的脂肪多，且主要是不饱和脂肪酸，易氧化、酸败、发热和发霉。

▶ 饼粕

饼粕为油料加工的副产品，如豆饼（粕）、花生饼（粕）、菜籽饼（粕）、棉籽饼（粕）、胡麻饼、葵花籽饼、玉米胚芽饼等，这类饲料粗蛋白含量高。以上除玉米胚芽饼属能量饲料外，其他均属于蛋白质补充料（图4-46）。

图4-45 糠 麸

图4-46 饼 粕

3. 多汁饲料

▶ 块茎、块根、蔬菜类

如胡萝卜、甜菜、甘薯、马铃薯、甘蓝、南瓜、西瓜、苹果、大白菜、甘蓝叶等均属多汁饲料（图4-47、图4-48）。块根、块茎类饲料含水量在70%~90%，干物质中糖和淀粉含量较多，纤维素含量不超过10%，且含有一定量的矿物质。这类饲料适口性好，消化率高达80%~90%，是提高奶牛产奶量的重要饲料（表4-11）。

饲喂块茎、块根、蔬菜类多汁饲料的注意事项：

◆ 控制用量。此类饲料水分含量常超过90%，干物

表 4-11　几种常见根茎、块根类饲料营养成分　　　　单位：%

种　类	干物质	粗蛋白	粗脂肪	粗纤维	无氮浸出物
胡萝卜	12	1.1	0.3	1.2	8.4
饲用甜菜	8~11	1~2	—	1.7	9
马铃薯	22	1.6	0.1	0.7	18.7
南　瓜	10	1	0.3	1.2	6.8

质含量低，用量不宜过多。利用时要与其他含水分较少、能量较高的饲料搭配饲喂，以满足奶牛生产对能量和蛋白质的需要。

图 4-47　"饲料人参"——胡萝卜

◆ 保持此类饲料的新鲜、干净、无污染。叶菜类等多汁饲料含氮量较高，堆放过程中容易腐烂，产生亚硝酸盐，导致奶牛中毒。最好是随割随喂，用不完的应及时摊放在阴凉处。颜色发黄、发热、腐烂的不可喂牛。

图 4-48　饲用甜菜

◆ 根茎、块根类要切碎饲喂，如胡萝卜、大头菜、甘薯、马铃薯等应切碎饲喂，以防奶牛吞食堵塞食管。

◆ 根茎、块根类夏季不能喂霉变的，冬季不能喂冰冻的。

> **糟渣类**

粮食、豆类、块根等湿加工的副产品为糟渣类。如淀粉渣、糖渣、酒糟属能量饲料；豆腐渣、酱油渣、啤酒糟属蛋白质补充料。甜菜渣因干物质中粗纤维含量大于 18%，属粗饲料。糟渣类饲料因含水量不同其营养有很大差别。这类饲料虽然成本低、收益高，但如果喂量过多，容易造成奶牛中毒，影响产奶量。

(1) 豆腐渣　豆腐渣鲜渣含水多，含少量蛋白质和淀粉，缺乏维生素，但适口性好，消化率高。豆腐渣易酸败，适于鲜喂，饲喂量控制在每头牛每日 2.5~5 千克为宜，与青饲料搭配饲喂效果好。

(2) 酒糟　为酿酒工业副产品，营养价值高。粗蛋白质含量 8%~25%，消化能 6.0 兆焦／千克以上，富含 B 族维生素，钙磷不平衡。不能单独饲喂，应与胡萝卜、青草、糠麸、精饲料搭配，每头牛日喂量应控制在 3~5 千克，过多易引起便秘。

(3) 甜菜渣　主要成分是碳水化合物，蛋白质含量低，缺乏维生素，含有高消化率的纤维素，适口性好，有利于维持夏天的采食量。但含有甜菜碱，有毒害作用，鲜喂成年母牛日喂量 10~15 千克，应与蛋白质较多的混合料和青饲料搭配使用。

4. 矿物质饲料

矿物质饲料是补充动物矿物质需要的饲料，包括人工合成的、天然单一的和多种混合的矿物质饲料，以及配合有载体或赋形剂的恒量元素、微量元素①、常量②元素补充料 (表4-12)。

①微量元素：含量占动物体重 0.01% 以下的矿物质元素，称为微量元素，包括锰、锌、铁、铜、钴、硒、碘、氟等。

②常量元素：含量占动物体重 0.01% 以上的矿物质元素，称为常量元素，包括钾、钠、钙、镁、硫、磷、氯。

表 4-12　矿物质元素与动物营养的关系

元素	主要功能	缺乏症状	来　源
钙、磷	形成骨骼的重要组分	生长缓慢，骨端变粗，四肢关节肿大，骨质松软，佝偻病等	碳酸钙、磷酸氢钙、谷物饲料
钾	维持渗透压、酸碱平衡中的主要阳离子；与肌肉活动有关	生长停滞，肌肉衰弱；异嗜；腹泻，心电图异常等	氯化钾，粗饲料含钾丰富
钠	细胞渗透压与酸碱平衡的主要阳离子，与养分运输、废物排出及体内水代谢有关	生长减缓，饲料利用率下降，繁殖率、产奶量下降，异嗜	食盐
氯	维持渗透压、酸碱平衡中的主要阴离子	生长迟缓	食盐
镁	骨形成的必需元素，酶的激活剂	血压下降，过度激动性痉挛，食欲丧失	硫酸镁、氧化镁
硫	含硫氨基酸的组分；辅酶 A 的组分，在脂肪、碳水化合物及能量代谢中有重要作用	影响含硫氨基酸的合成，生长停滞，产毛减少	蛋白质饲料、硫酸盐
铁	血红素的成分，与氧的运输有关	贫血	硫酸亚铁
铜	促进血红素的形成，与几种酶活性、毛的发育、骨的发育、生殖、泌乳等有关	营养性贫血；运动不协调，关节肿胀，骨骼变脆	硫酸铜、碳酸铜
锌	多种酶的组分；蛋白质的合成与代谢所必需；胰岛素的组分	味觉减退，生长受阻，被毛发育不良等	碳酸锌、硫酸锌
锰	形成骨骼的必需元素；对体内生化过程中对酶激活有作用，参与氨基酸代谢，脂肪酸合成，胆固醇代谢，与生长、生殖有关	生长受阻，跛行，腿变短呈弓形，关节变大，睾丸退化	硫酸锰、碳酸锰
钴	与瘤胃细菌的生长有关	食欲不振，消瘦，贫血	氯化钴、硫酸钴
碘	甲状腺素的组分，参与调节代谢率	甲状腺肿大，母牛产弱胎、死胎，生长畜患呆小病	碘化钾、碘酸钾
硒	参与清除体内过氧化物；提高机体免疫力	犊牛发生营养性肌肉萎缩	亚硒酸钠
钼	促进瘤胃微生物繁殖	生长缓慢，影响尿酸的形成	
氟	预防龋齿	龋齿	氟化钠

①使用钙、磷补充料值得注意的问题：钙、磷比例在（1.5~2.0）：1之间；同时补充维生素D，以促进钙、磷的吸收。

▶▶ 钙、磷源饲料①

钙、磷源饲料主要有石灰石粉、蛋壳粉、贝壳粉和磷酸钙盐等（图4-49至图4-51）。

图4-49　石粉，含钙≥38%

图4-50　碳酸钙，含钙40%

图4-51　贝壳粉，含钙34%~38%

▶▶ 钠补充料

添加量按动物的种类、体重、生产能力、季节和日粮组成不同而各不相同，为1%左右。

（1）添加途径

◆ 粒状添加到配合饲料中；

◆ 制成块状，由动物舔食（主要是放牧家畜）。

（2）使用钠补充料注意事项

◆ 含水量要低，应在0.5%以下，防止潮解；

◆ 粒度要均匀；

◆ 细度以通过30目﹡筛为宜。

﹡　目为非法定计量单位，生产中常用，故在此保留。

▶ 天然矿物质饲料

沸石、麦饭石、稀土、膨润土、海泡石、凹凸棒和泥炭等，多属非金属矿物。在畜牧生产中的用途主要是用作载体和稀释剂。

▶ 微量元素补充料

含量占动物体重 0.01% 以下的矿物质元素称为微量元素，包括锰、锌、铁、铜、钴、硒、碘、氟等。多为化工生产的各种微量元素的无机盐类和氧化物。另外，还有有机酸盐和螯合物等（图 4-52）。

图 4-52　奶牛矿物质饲料舔砖[①]

5. 饲料添加剂

▶ 饲料添加剂的作用与特点

◆ 添加量极微，一般为配合饲料的 1%~10%，有的仅占百万分之几；

◆ 添加作用非常显著；

◆ 提高饲料产品的质量和报酬率；

◆ 促进奶牛健康和生长发育；

◆ 改善产品质量，提高产量。

▶ 饲料添加剂的种类

（1）维生素添加剂　对奶牛的健康、生长、繁殖及泌乳等都起重要作用。可分为脂溶性维生素和水溶性维生素，脂溶性维生素包括维生素 A、维生素 D、维生素 E

①矿物质饲料舔砖：以矿物质元素和盐粉为原料，经过充分混合压制而成。可起到奶牛长期不间断舔食的效果，具有矿物质营养均衡、使用方便、避免浪费的特点。

和维生素 K；水溶性维生素包括 B 族维生素和维生素C。

表 4-13　几种常见维生素缺乏症

维生素种类	来　源	缺乏症状
维生素 A	青绿饲料	突出表现为夜盲症，也可表现为皮炎和母牛流产及胎衣不下等
维生素 D	优质干草和青绿饲料	消化紊乱、异食癖、跛行及骨骼变形
维生素 E	各种植物种子	肌变性、肝坏死、不孕等
维生素 K	苜蓿和青草	过敏、贫血、厌食和凝血时间延长等
B 族维生素	青绿饲料	厌食、生长停止、营养不良等
维生素 C	青绿饲料、胡萝卜	皮屑脱落、产生蜡样痂皮、脱毛和皮炎

①产奶牛因药物残留问题，一般不可使用该类添加剂。

②益生素：是与"抗生素"相对的新概念，指可以直接饲喂动物并通过调节动物肠道微生态平衡达到预防疾病、促进动物生长和提高饲料利用率的活性微生物或其培养物，又称为微生态制剂或饲用微生物添加剂。

（2）抗生素添加剂　主要用于犊牛①的日粮中，尤其是处于圈养、卫生和疾病等不利环境中的犊牛。其对提高犊牛饲料采食量、促进生长以及预防腹泻有效。

（3）缓冲剂　为弥补动物内源缓冲能力的不足，调剂酸碱平衡，预防酸中毒，提高瘤胃的消化功能，从而改善生产性能的一类饲料添加剂。

①缓冲剂作用：

◆ 提高饲料采食量；

◆ 改善奶牛瘤胃功能；

◆ 提高奶牛产奶量和牛奶质量；

◆ 改善泌乳奶牛的健康状况。

②常用缓冲剂种类：

◆ 碳酸氢钠、氧化镁、碳酸钠、碳酸钙和石灰石等。

（4）益生素②　其目的是为了研制出在功效上能全面替代抗生素，但无任何毒副作用的实用产品。

根据益生素生产菌的种类分类：益生素主要有两大类：一类是乳酸杆菌类，这类微生物能产生一种特殊抗生素——乳酸菌素，可有效抑制大肠杆菌和沙门氏菌的生长。另一类是芽孢杆菌类，具有较强的蛋白酶、脂肪酶和淀粉酶活性，能够有效地降解复杂的碳水化合物。同时，芽孢杆菌还具有平衡和稳定乳酸杆菌的作用。

（5）酶制剂　动物由于生理（如幼龄、老年、高产）或病理（如应激、疾病）因素的影响使体内缺乏某些酶（如单胃动物的纤维素分解酶、植酸酶）或消化酶分泌不足，而添加的一类物质。

酶是一类具有生物催化活性的蛋白质，作为饲料添加剂的主要是助消化的水解酶，品种具有 20~30 种。

①作用特点：

◆ 饲料中加酶能够提高动物生长速度；

◆ 改善饲料利用率；

◆ 降低动物发病率；

◆ 减少有机质、氮、磷等养分的排泄量；

◆ 提高生产效益；

◆ 一种最安全的、"天然"或"绿色"的饲料添加剂。

②使用饲料添加剂的原则（注意事项）：

◆ 要选好添加剂　选用的饲料添加剂应属于农业部公布的《允许使用的饲料添加剂品种目录》中所列品种；根据奶牛所缺营养，有目的地选择使用。

◆ 搅拌均匀　添加剂在饲料中的添加量很小，直接加入配合饲料中很难混匀。应先加入少量饲料中混匀，再加入配合饲料，使用前务必搅拌均匀。如搅拌不均匀，牛吃少了不起作用，吃多了会引起中毒。

◆ 添加剂用量适当　添加剂用量一定要按照使用说明添加，过多过少都会产生不良后果，用量过大不仅浪费，还会引起中毒。

◆ 不宜拌后久存　饲料添加剂只能混合于饲料中，最好随配随喂，一次拌混存放时间不能超过 7 天。添加剂长时间在空气中暴露会受到空气中氧、水等的影响，失去效力。微量元素与维生素并用时，最好饲喂当天加入。

◆ 添加剂要妥善贮存　饲料添加剂贮存温度越高，其效价损失量越大。所以，应贮存在干燥、低温和避光处，以免氧化受潮而失效。贮存期最多不超过半年。

◆ 及时总结饲喂经验，制订合理的使用方案。

◆ 使用前注意添加剂的质量、有效期及注意限用、禁用、用量、用法等具体规定。

五、奶牛繁殖

目标
- 了解奶牛的生殖系统构造与功能
- 掌握奶牛发情鉴定技术
- 掌握奶牛人工授精技术
- 掌握奶牛妊娠诊断与助产技术

奶牛繁殖是在一个脆弱的环境中进行的，其过程非常复杂。奶牛场繁殖的好坏是关系其经营成功与否的关键，因为奶牛不能繁殖就不可能生产牛奶，不可能得到后备牛群，更不可能获得效益（图5-1）。在奶牛场，牛

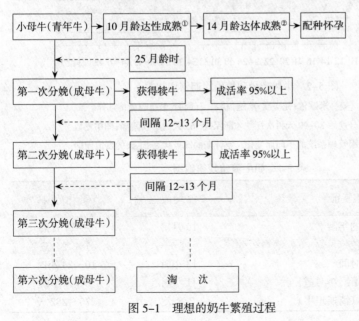

图5-1　理想的奶牛繁殖过程

①性成熟：指母牛生殖器官完全发育成熟，具备了繁殖能力。主要标志是母牛能够产生成熟的生殖细胞，即母牛开始第一次发情并排卵。与营养和气候等因素有关，一般为8~12月龄。

②体成熟：指奶牛的骨骼、肌肉和内脏各器官已基本发育完成，而且具备了成熟时应有的形态和结构。一般体重达到成年体重的70%左右，多数体重达到350千克，即达到体成熟。一般为14~18月龄。

群繁殖性能低就会使奶牛场盈利大大减少，主要表现在：

◆ 母牛全年产奶量减少；

◆ 治疗繁殖障碍疾病，使得母牛怀孕所需的成本增加；

◆ 空怀时间延长，空怀损失加大，饲养成本增加；

◆ 由于淘汰率下降，牛群的遗传改良速度减缓。

奶牛生产状况与繁殖状况密切相关，图 5-2 和表 5-1 列举了有关奶牛繁殖规律的一些数据。

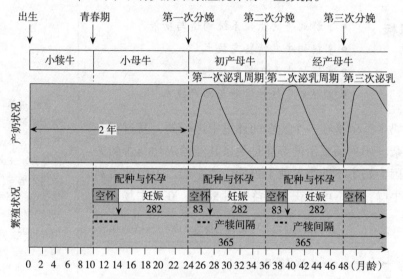

图 5-2　牛奶产量和繁殖周期密切相关

来源：〔美〕米歇尔·瓦提欧 著.施福顺，石燕 译.繁殖与遗传选择。

必须在分娩后 80~90 天再次怀孕才能保持 365 天的产犊间隔；图中泌乳曲线形状可因管理系统的不同而变化；空怀期的圆点代表 21 天的发情周期

表 5-1　奶牛繁殖规律数据

繁殖特征	平均值	变化范围
青春期时的年龄	10 月龄	6~14 月龄
发情周期长短	21 天	18~24 天
发情持续时间	18 小时	10~24 小时
排卵（发情后小时数）	11 小时	5~16 小时
妊娠天数（荷斯坦牛）	278 天	275~282 天

1. 母牛生殖系统

奶牛生殖系统由母牛生殖道的各个器官组织和生殖调节物质（激素）等共同组成。生殖系统正常、规律性地不断循环是母牛每年正常繁殖的基础。

➤ 母牛生殖道结构

见图 5-3 至图 5-7。

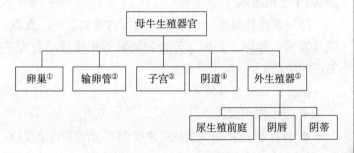

图 5-3　母牛生殖器官

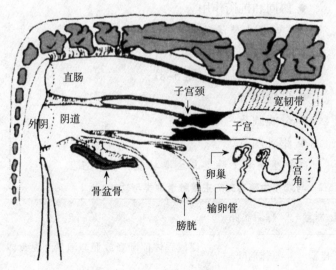

图 5-4　奶牛生殖道各器官位置

①卵巢：卵泡发育和排卵及分泌雌激素、孕酮。

②输卵管：接纳和运送卵子，是精子获能、受精以及卵裂的场所。

③子宫：胎儿生长发育的地方。

④阴道：交配器官。

⑤外生殖器：交配器官及部分尿道。

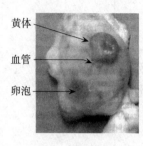

图 5-5 卵 巢

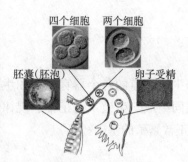

图 5-6 输卵管

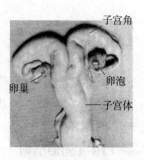

图 5-7 子 宫

①激素：由家畜机体产生，经体液循环作用于靶器官或靶细胞，具有调节机体生理功能的一系列微量的生物活性物质。

▶ 奶牛生殖激素①

指与家畜性器官、性细胞、性行为等的发生、发育，以及发情、排卵、妊娠、分娩和泌乳等生殖活动有直接关系的激素。

（1）生殖激素的特点

◆ 量小作用大；

◆ 具有专一性，只调节反应速度，不发动细胞内新反应；

◆ 分泌速度不均衡；

◆ 不断产生和灭活，在血液中消失很快；

◆ 协同和抗衡作用。

（2）母牛生殖活动调节

◆ 性成熟调节；

◆ 发情周期调节（图 5-8）；

◆ 妊娠调节；

◆ 分娩调节；

◆ 泌乳调节。

（3）生殖激素种类与主要功能 见表 5-2。

表 5-2 与奶牛生殖有关的主要激素种类与功能

激　素	分泌器官	作用器官	主　要　功　能
促性腺激素释放激素（GnRH）	下丘脑	垂体前叶	促使垂体前叶释放促卵泡素和促黄体素

（续）

（续）

激 素	分泌器官	作用器官	主 要 功 能
促卵泡素（FSH）	垂体	垂体（卵泡）	促使卵泡发育和雌激素生成
促黄体素（LH）	垂体	垂体（卵泡）	诱导排卵，黄体发育和孕酮生成
雌激素	垂体（卵泡）	大脑	促使发情行为变化
		垂体前叶	在发情期促进促卵泡素释放，特别是促黄体素的释放
		输卵管	增加黏液活性和低黏液性液体的分泌
		子宫	协助精子和卵子的移动
		子宫颈	子宫颈口开张
		阴道和外阴	充血
孕酮	卵巢（黄体）	垂体前叶	抑制卵泡排卵和成熟
		子宫	降低黏液活性和子宫肌收缩，使子宫进入适宜胚胎附植的状态
前列腺素	子宫	卵巢（黄体）	促使黄体萎缩和孕酮水平下降
催乳素	垂体前叶	乳腺组织	泌乳细胞的生长发育
催产素	垂体前叶	子宫	增加子宫收缩
松弛素	卵巢（黄体）	子宫	促进子宫的扩展，以适应胎儿生长

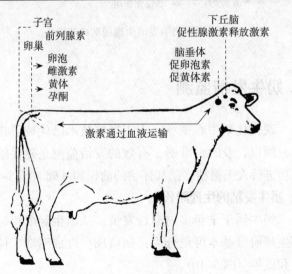

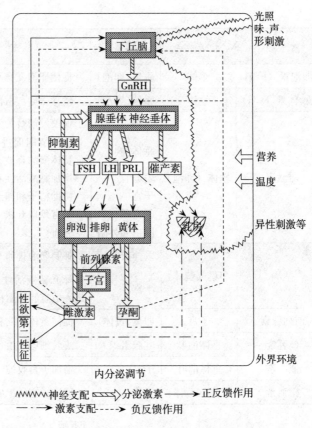

图 5-8　奶牛发情生理周期调节模式

2. 奶牛发情监测

现代化奶牛养殖场，人工授精技术已代替了自然配种，所以，及时、准确、有效的发情监测是确保给奶牛成功进行人工输精、使其怀孕的前提和基础（图 5-9）。

奶牛发情的生理阶段

奶牛属于全年多周期性发情，从出生到成年，其发情生理阶段基本可划分为：初情期、性成熟期、体成熟期和成年（图 5-10）。

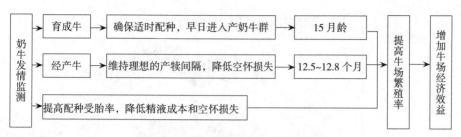

图 5-9　奶牛发情监测的目的与意义

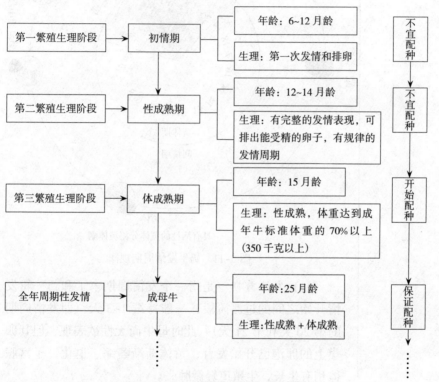

图 5-10　奶牛发情生理阶段的划分

▶ 母牛发情周期的划分

发情周期指母牛初情期后，第一次发情之日起到下一次发情开始前的这一时期，平均为 21 天，一般是18~24 天。处于发情期的母牛，其生殖器官及整个机体均发生一系列周期性变化。母牛的发情周期可分为发情前期、发情期、发情后期、间情期四个阶段(图5-11)。

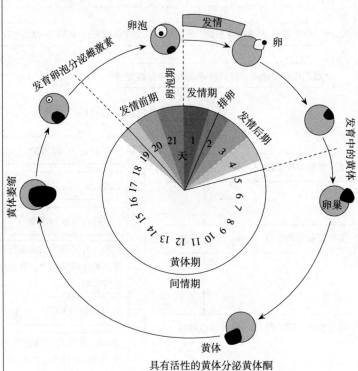

具有活性的黄体分泌黄体酮

图 5-11　奶牛发情周期规律

（1）发情前期　是指一个发情周期末了和新一轮发情开始之间的过渡阶段，一般持续 1~3 天（即发情周期的第 20 天和第 21 天）。此时母牛尚无性欲表现，但其卵巢上的卵泡已开始发育，黄体渐渐萎缩、退化，子宫腺体稍有生长，生殖道轻微肿胀。

（2）发情期　此期持续 8~30 小时，是母牛表现性接受的时期（即发情周期的第 1 天）。处于发情期的母牛常有较强烈的性欲表现（详见奶牛发情征兆）。

（3）发情后期　此期大约持续 3 天（即发情周期的第 2~5 天）。此时母牛由性兴奋转入安静状态，卵巢上的卵泡破裂，排出卵子，并形成黄体。子宫分泌出少而稠的黏液，子宫颈管道收缩。

（4）间情期　此期可持续 12~15 天（即发情周期的第 6~18 天）。此时母牛性欲消失，精神状态恢复正常。卵巢上的黄体发育完全，子宫内膜增厚。

▶ 奶牛的发情征兆

具备丰富的经验和良好的技术才能准确判断出母牛发情。能够在较短时间内做出准确的发情判断最为理想。母牛从发情开始到发情结束大多具有相似的行为表现。技术员可以根据这些行为的变化确定母牛是否在发情早、中或晚期。有些奶牛发情征兆很明显，但有些不明显，需要综合考虑、判断。

根据奶牛的发情表现可将奶牛的发情期分为发情早期、发情旺期和发情晚期三个阶段。

（1）发情早期征兆　母牛开始表现紧张和不安。离群，游走和哞叫频繁，翘鼻，努嘴，追赶其他母牛，嗅舔其他母牛的外生殖器，有时用头顶其他母牛臀部并企图爬跨[1]。阴门出现轻度红肿。可见少量透明、稀薄的黏液，黏性较弱（图 5-12）。

图 5-12　发情早期母牛与其他牛之间的交流发生明显变化

（2）发情旺期征兆　母牛除具备发情前期的明显表现特征外，最典型的就是愿意接受其他母牛爬跨和被其他母牛爬跨时站立不动的特征（图 5-13）。阴门处流出清亮、黏稠的黏液，可拉成长的丝状。子宫颈呈鲜红色，明显肿胀发亮。外阴黏膜和阴蒂充血、肿胀。

（3）发情后期征兆　母牛不再愿意接受爬跨，其表现与发情前期的征兆略有相似，母牛由性兴奋转入安静状态，尾根上部的毛变得粗糙或被磨掉，表明其曾经接

①发情早期母牛总是试图爬跨其他母牛，除非被爬跨母牛也处于发情期，否则被爬跨的母牛就会逃避爬跨。虽然发情早期母牛总是试图爬跨其他母牛，但其本身在这一时期并不接受其他母牛的爬跨。

母牛状态	爬跨牛 (%)	被爬跨牛 (%)
发情	56.7	98.6
妊娠	19.9	0.5
产后空怀	5.8	0.4
其他空怀	17.5	0.5

图 5-13　奶牛发情爬跨[①]

①图 5-13：左侧母牛被爬跨时站立不动，为发情旺期特征性表现，此时也是对其实施人工授精的最好时机。

受过爬跨。

▶ 奶牛发情监测的时间规律

奶牛发情行为开始至结束的模式比较独特。夜间（傍晚到凌晨）发情行为出现最为频繁。研究表明，大约70%的爬跨行为发生在 19：00-7：00 （图5-14）。

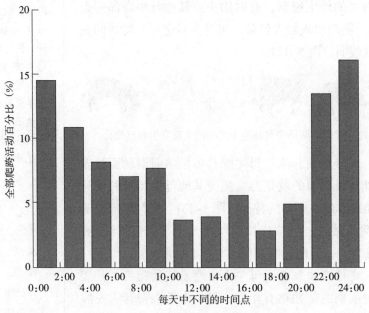

图 5-14　奶牛发情征兆主要发生在夜间

在清晨7：00-8：00时可观察到全部爬跨行为的40%，中午能够监测到母牛爬跨的概率非常小，13：00-14：00可观察到大约10%的发情行为，而夜间监测到发情征兆的概率很大。母牛表现爬跨行为的时间长短不同，变化范围在3~30小时。为使发情监测率能够达到90%以上（图5-15），应当在凌晨和傍晚时仔细观察，白天可每隔4~5小时观察一次。

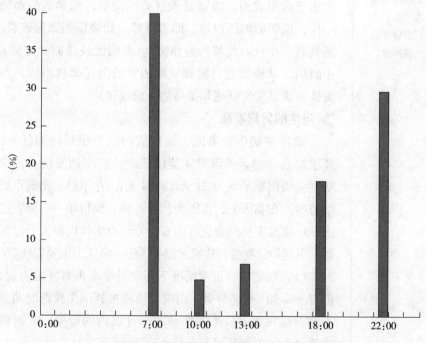

图5-15　清晨和傍晚是观察奶牛发情的最好时间

▶ 奶牛发情监测方法

（1）外部特征观察法　即根据母牛发情征兆的外在表现来监测发情（图5-16），是奶牛发情监测最基本、有效的操作方法（表现特征详见奶牛发情征兆）。观察时应做到凌晨和傍晚时仔细观察，白天每隔4~5小时观察一次。

尾随他牛　　　　　追逐　　　　　爬跨

图5-16　奶牛发情时的行为表现

①直肠检查：用手伸入奶牛直肠，隔着肠壁触摸卵巢和卵泡的形态、大小，来判断母牛的发情及发情程度。

（2）直肠检查①法　如果摸到有黄豆大小的卵泡突出于卵巢表面，即可判定母牛已发情；如果摸到卵泡明显突出于卵巢表面，表面紧张且有波动感，像熟透的葡萄一样，说明卵泡已成熟，即将排卵。如果摸到卵泡破裂，感到有一小坑（此坑称为卵窝），表明已经排卵。排卵6小时后，从卵窝处可摸到呈面团状的肉样柔软组织，即黄体（详见发情征兆和排卵的一般规律）。

母牛的异常发情

对许多奶牛场来说，发情监测是个很艰巨的任务，要求综合考虑多种因素才能保证成功监测到发情。正常奶牛发情周期平均为21天(18~24天)，青年奶牛比成年奶牛短些。在临床上，常因为营养不良、饲料单一、泌乳过多、环境温度突然变化等因素，导致母牛体内激素分泌失调，引起异常发情，造成失配或误配。临床上主要表现为：

（1）假发情　正常情况下怀孕母牛不再有发情表现，但有5%~30%的怀孕母牛出现发情或被其他牛爬跨时站立不动。该现象多发生在怀孕3个月以内的母牛，此时再次给母牛人工授精可能会导致流产。

（2）母牛乏情　指母牛没有出现发情周期或长时间不发情。其主要原因是高产奶牛产后营养负平衡、产道感染及夏季热应激所致。

（3）持续发情　母牛表现性欲强烈，连续几天发情不止。常见于卵巢囊肿或卵泡交替发育的母牛。

（4）安静发情（隐性发情）　母牛无明显发情特征

和性欲表现，但其卵巢上有卵泡发育成熟并排卵。这种情况常被认为无发情而造成漏配。其主要原因是：雌激素或孕激素分泌不足，营养不良，产奶量高等。因此，奶牛生产上要特别注意监测安静发情母牛，防止漏配。

3. 人工授精①

人工授精技术作为一项奶牛繁育技术，自 20 世纪初开始使用，至今已广泛推广。对奶牛繁育具有十分重要的生产意义：

◆ 不受时空的限制，即可获得优秀种公牛的冷冻精液；

◆ 使得优秀种公牛冷冻精液得以大面积推广，迅速提高后代的生产水平；

◆ 为奶牛场品种改良提供了"定向选配"的机会；

◆ 大大增加了公牛的选择余地；

◆ 避免繁殖疾病的交叉传染；

◆ 通过人工授精前对奶牛的检查，可排除大量有繁殖障碍的母牛，提高供配种效率，降低奶牛群管理成本。

▶ **精液的选择**

选择奶牛冷冻精液应根据以下条件综合考虑：

◆ 公牛后测成绩优秀，且符合本场牛群的育种改良计划；

◆ 计算近交系数或查看公牛系谱，避免近亲繁育；

◆ 公牛精液质量合格，企业信誉可靠，售后服务好；

◆ 公牛无特定的遗传疾病；

▶ ◆ 价格经济。

精液的保存

奶牛冷冻精液基本是以 0.25 毫升/ 支或 0.5 毫升 / 支

①人工授精：指技术人员将公牛的精液通过器械辅助，将其放置到母牛的生殖道内，从而达到母牛受孕的一项技术。

的塑料细管包装，在液氮罐内（图5-17）长期保存（保存温度在−196℃）。

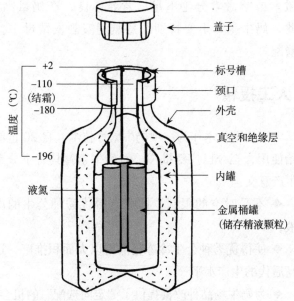

图5-17　液氮罐结构示意图

为保证储存于液氮罐中冷冻精液的品质，不致使精子活力下降，在储存及取用时应做到：

◆ 按照液氮罐保温性能的要求，定期添加液氮，液氮容量不能少于总容量的1/3；

◆ 当发现液氮罐口有结霜现象，并且液氮的损耗量迅速增加时，可能是液氮罐有损坏的迹象，要及时更换新液氮罐；

◆ 从液氮罐取出精液时，提斗不得提出液氮罐口外，可将提斗置于罐颈下部，用长柄镊夹取精液，越快越好；

◆ 将储精提斗向另一超低温容器转移时，动作要快，储精提斗在空气中暴露时间不得超过5秒。

▶ 实施人工授精的最佳时间

奶牛受孕率高低与何时实施人工授精的关系很大。

人工授精时只有当卵子和精子在正确的地点和时间相遇才能使母牛怀孕（表5-3，图5-18）。

表5-3　发情征候与最佳配种时间段的关系

	发情早期	发情旺期	发情晚期
爬跨	爬跨其他牛	静立接受爬跨，爬跨其他牛	拒绝其他牛爬跨，爬跨其他牛
行为	敏感，哞叫，躁动多站立，游走，回头眸视，自卫性强，尾随其他牛	尾随其他牛，舔他牛，食欲减退，不安	恢复常态
阴户	略微肿胀	肿胀，阴道壁湿润闪光	肿胀消失
黏液	少而稀薄，弱拉丝性	多而透明含泡沫，强拉丝性，二指作拉丝可达6～8次，黏液丝呈Y状	黏稠呈胶状
持续时间	（8±2）小时	18小时	（12±2）小时
配种	过早	最佳配种时段	过晚

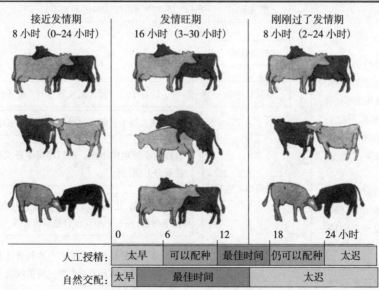

图5-18　奶牛发情表现与最佳配种时间段的关系

来源：［美］米歇尔·瓦提欧 著.施福顺，石燕 译.繁殖与遗传选择。

生产上常规输精一般上午（早晨）发情下午输精，第二天早晨再输精一次；下午（晚班）发情第二天早晨输精，然后下午（晚班）再输精一次。为了准确把握输精时间，一般可掌握在母牛发情后期进行输精，此时母牛的发情表现已停止，性欲特征已消失，黏液量少，呈乳白色糊状，牵缕性差。通过直肠检查可感到卵巢上的卵泡胀大，表面紧张，有明显波动感，好像熟透的葡萄，呈一触即破状态。如感到卵巢上出现小坑，说明卵巢已排卵，可立即追配。总之，发情鉴定要综合判断，既要看外表发情特征，又要结合直肠检查，才能准确掌握输精适期，提高受胎率。

▶ 人工授精基本操作过程

见图 5-19 至图 5-21，表 5-4。

①输精枪的枪头在进入阴道时要严格避免接触到阴门上的粪便和污物，防止细菌被带入子宫，造成不孕或流产。

②输精部位：一般在子宫颈深部、子宫体或子宫角输精为宜，具体根据操作者技能、母牛发情状况和难易程度决定，不可粗暴操作。

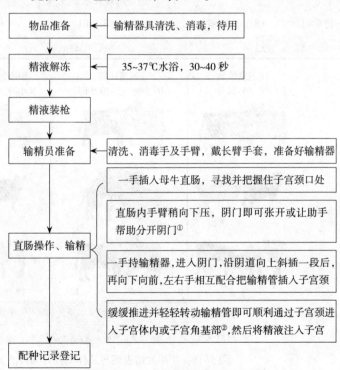

图 5-19　人工授精基本操作流程

图 5-21 显示了奶牛人工授精操作中，利用直肠把握法，借助输精枪将奶牛冷冻精液输送到奶牛子宫的四大操作步骤。

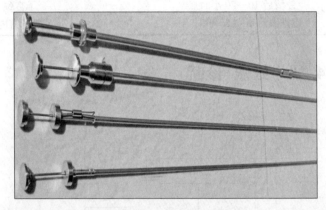

图 5-20　奶牛人工授精输精枪

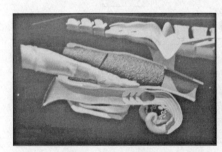

一只手进入直肠，寻找子宫颈

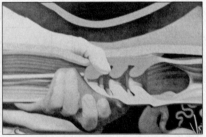

输精枪从阴道进入子宫颈口处

输精枪缓慢通过子宫颈口皱褶

输精枪通过子宫颈口到达子宫体部，注入精液

图 5-21　人工授精操作示意图

表 5-4　人工授精技术要点

精液剂型	有效精子数	输精时间	输精次数	间隔时间	输精部位
0.25 毫米或 0.5 毫米细管	1 000万个	发情后 10～20 小时 或排卵前 10～20 小时	1～2 次	8～10 小时	子宫颈 或子宫内

①妊娠: 指从卵子受精开始, 经过卵裂、囊胚的形成, 胚胎的附植、胎儿的分化与生长, 一直到胎儿发育成熟后与胎盘及附属膜共同排出前, 母体发生的复杂的生理过程。

4. 奶牛妊娠①诊断

见图 5-22。

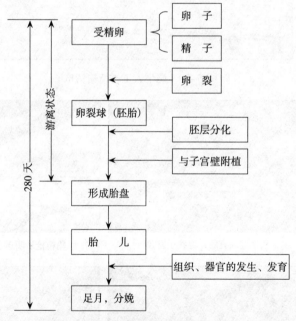

图 5-22　奶牛妊娠过程

▶ 受精的过程

人工授精后的精子在母牛的生殖道内向输卵管方向运动, 并发生一系列的生理和形态方面的变化, 从而具备受精能力, 最终在输卵管壶腹部与卵子结合形成受精卵, 完成受精过程 (图 5-23 至图 5-26)。

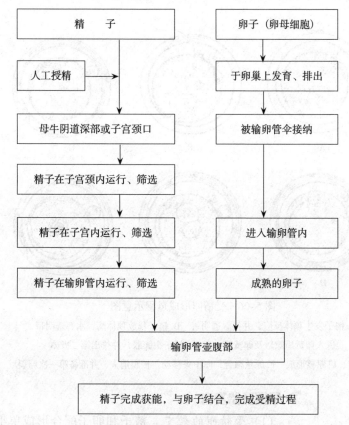

图 5-23　奶牛精子与卵子受精流程

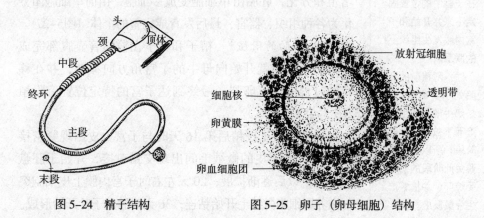

图 5-24　精子结构　　　　　图 5-25　卵子（卵母细胞）结构

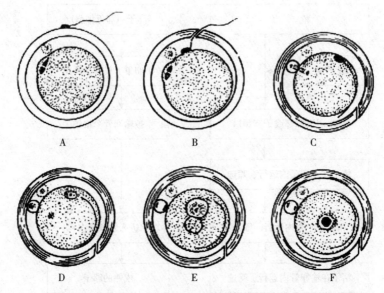

图 5-26 受精卵形成过程示意图

A.精子发生顶体反应，并接触透明带　B.精子释放顶体酶，水解透明带，
进入卵黄周隙触及卵黄膜　C、D.精子头膨胀，并排出第二极体
E.雌、雄原核形成　F.原核融合，向中央移动，核膜消失，并准备第一次卵裂

> ①附植：又称嵌植、着床，即胚泡在子宫中的位置固定下来并开始和子宫内膜发生组织上的联系。
>
> 注：附植前的胚胎处于游离状态，是奶牛最易发生流产而不被人察觉的阶段，所以应尽量避免此阶段的奶牛受惊吓、冲撞等产生应激反应。

早期胚胎发育

（1）受精卵的裂变　精子和卵子配合形成单细胞胚胎以后，个体发育就开始启动，通过一系列有序的细胞增殖和分化，胚胎由单细胞变成多细胞，由简单细胞团分化为各种组织、器官，最后发育成完整的个体（图5-27）。

（2）胚胎的附植①　精子和卵子在输卵管壶腹部完成受精后，胚胎就开始向母牛的子宫角方向移动，并在移行的过程中进行卵裂，最终到达子宫的特定位置后附植（图5-28）。

奶牛在人工授精后第16天时与子宫上皮出现紧密接触；18天时上皮的微绒毛间出现交错对接，开始于胚盘的位置，以后逐渐扩展；20天左右时子宫内膜上皮细胞突与滋养层细胞微绒毛开始粘连；36天时胎盘子叶开始形成。

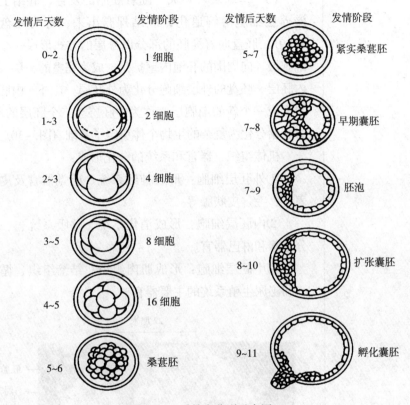

图 5-27　受精卵分裂示意图

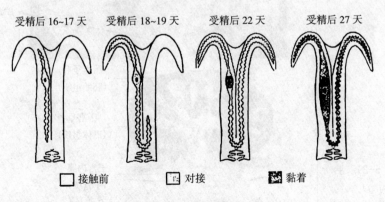

图 5-28　牛胚胎的附植过程

（3）三胚层的形成　随着胚胎的发育，胚结上面的滋养层细胞溶解退化，胚结裸露出来，称为胚盘（图5-29）。胚盘向着囊胚的部分以分层的方式形成一个新的细胞层，向周围的胚泡内壁扩张，成为完整的一层，称为内胚层。胚盘的外层细胞分化为外胚层。在外、内胚层之间形成一个新的细胞层，称为中胚层。三个胚层的形成，为胚胎分化为复杂的生物个体奠定了基础（图5-30）。

机体组织、器官和系统的分化形成：

①外胚层细胞：形成神经系统、感觉器官及皮肤的表皮、毛、皮肤腺等。

②内胚层细胞：形成消化系统、呼吸系统、一些内分泌腺和淋巴器官。

③中胚层细胞：形成肌肉组织、结缔组织、循环系统和泌尿生殖系统的主要器官。

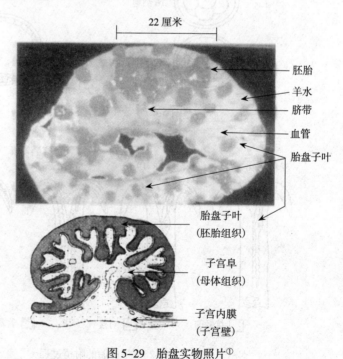

① 图 5-29：胎盘膜内的胎儿大约为 4 月龄。

图 5-29　胎盘实物照片①

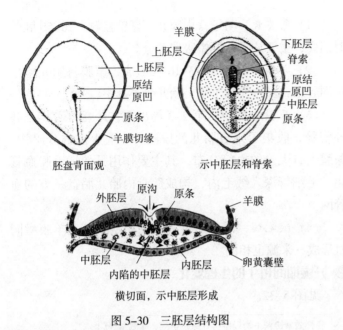

胚盘背面观　　　　　示中胚层和脊索

横切面，示中胚层形成

图 5-30　三胚层结构图

➤ 胎膜的形成、构造及作用

胎膜也叫胚胎外膜。它从母体内吸取营养供给胎儿，又将胎儿代谢产生的废物运走，并能进行酶和激素的合成，因此是维持胚胎发育并保护其安全的一个重要的暂时性器官，产后即被遗弃。胎膜由卵黄囊、羊膜、尿膜和绒毛膜组成（图5-31）。

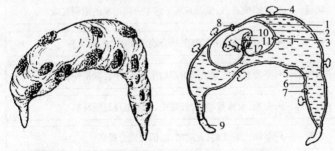

胎膜外观（子叶型胎盘）　　　　胎膜切面

图 5-31　胎膜结构

1.羊膜　2.尿膜内层　3.尿膜羊膜　4.子叶　5.尿膜外层　6.绒毛膜

7.尿膜绒毛膜　8.羊膜绒毛膜　9.绒毛膜坏死端

10.膀胱　11.脐尿管　12.脐带

（1）卵黄囊　与子宫内膜并不紧密接触，28~50胚龄时消失，主要从子宫乳中吸取养分。

（2）羊膜　怀孕后13~16天形成，羊膜将胎儿整个包围起来，囊内充盈羊水，胎儿悬浮其中。

（3）尿膜　怀孕的第2~3周出现，尿囊可看作是胚外膀胱，收集了来自胎儿的尿液和尿囊上皮的分泌物。尿膜上有大量的血管分布，其主要作用是使绒毛膜血管化，毛细管深入绒毛内，构成胎盘内胎儿胎盘一方的血管网。

（4）绒毛膜　是胚胎最外面的一层膜，和羊膜囊同时形成，来源也相同。

▶ 妊娠期间母牛的生理变化

见图5-32。

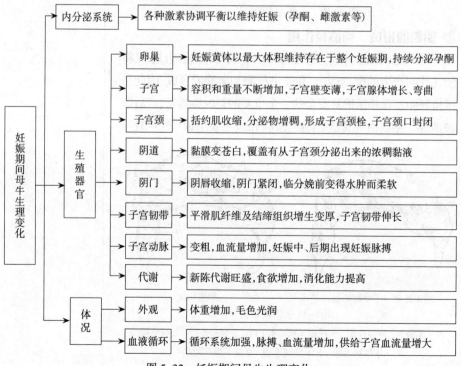

图5-32　妊娠期间母牛生理变化

妊娠诊断

妊娠诊断是繁殖管理的关键。应尽早确定未孕母牛，并查明原因，及时补配。对患生殖道疾病者，进行治疗后尽早配种，以便维持 12.5~12.8 个月的产犊间隔期。配种后经过一定时间进行怀孕诊断，以确定母牛是否怀孕。改善怀孕母牛饲养管理，确保胎儿正常生长发育、母体健康和避免流产。常见的奶牛妊娠诊断方法主要有如下几种。

（1）临床诊断法[①] 通过视诊、触诊、听诊等临床诊断方法进行奶牛的妊娠诊断，其妊娠诊断准确率和最早诊断时间都比较低（图5-33）。

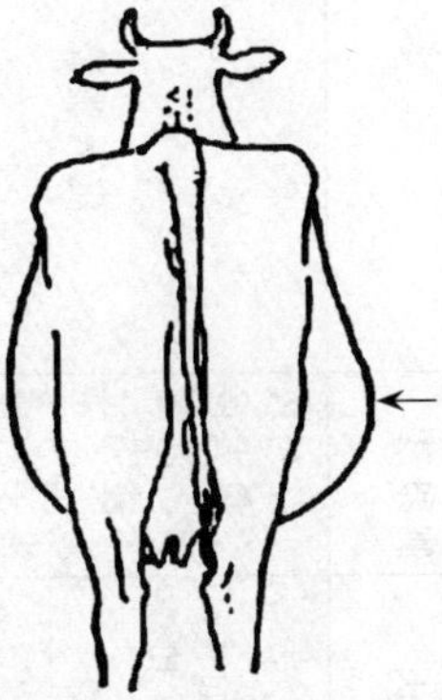

（2）直肠诊断法 妊娠母牛的子宫角不对称，孕侧子宫角增粗，并有液体波动感。非孕侧子宫角收缩力较强，而孕侧子宫角无收缩反应。触摸孕侧卵巢，感觉体积变大，黄体明显突出于卵巢表面，而非孕侧卵巢体积较小、无黄体。随着妊娠期的延长，直检可触摸到胎儿及胎动。

方法与步骤：检查人员先用手摸到子宫颈，再将中指向前滑动，寻找角间沟；然后将手向前、向下、再向后，试着把两个子宫角都掌握在手内，分别触摸。经产牛子宫角有时垂入腹腔，不易全部摸到，可先握住子宫角向后拉，然后手顺着肠管迅速向前滑动，握住子宫角，这样逐渐向前移，即可触摸到整个子宫角，摸到子宫角后，在其尖端外侧或下侧寻找卵巢（表5-5，图5-34至图5-41）。

图5-33　右腹壁突出

①临床诊断法：检出时间长，准确率低，适合于怀孕8~9 个月以上的牛。此法常作为一种辅助方法。具体方法有：

视诊：外表观察可见母牛腹部两侧不对称，孕侧下垂突出。

触诊：用弯曲的手指节或用拳触诊右侧膝皱褶的前方，孕牛可触到胎儿。

听诊：利用听诊器隔着母体腹壁听取有无胎儿心音，胎儿心音频率为每分钟 100 次以上。

表5-5　直肠检测奶牛怀孕各月份卵巢、子宫及胎儿变化规律

部位		未怀孕因不发情时	怀孕20～25天	1个月	2个月	3个月	4个月	5个月	6个月	7个月	8个月	9个月
卵巢	大小		一侧因有黄体而较大	一侧（孕角侧）有黄体而较大						摸不到		
	位置		耻骨前缘附近，子宫角两旁		卵巢移至耻骨前缘	孕巢移至耻骨下方腹腔前缘	孕角卵巢移至耻骨前缘下方腹腔内，只能摸到一侧卵巢					
子宫	形状	绵羊角状。经产牛的较为伸展	弯曲圆筒尖状	弯曲尖圆筒状但孕角不甚规则	孕角已扩大，空角弯曲尚规则	孕角及子宫体形状如袋，空角似为其突出	孕角空角大得多，不能摸到	沉入腹腔，只能摸到一部分子宫壁				
	粗细大小	两角相等，经产牛有时一侧较大		孕角稍粗	孕角较空角粗2倍	孕角大得多，范围完全摸到，手提子宫颈感到子宫角较重	孕角空角多，范围不能完全摸到，提子宫颈感到子宫角较重，子宫更大、下垂似的囊状					
	角间沟	清楚			已清楚，但角分岔处清楚	消失，但两子宫角分岔处仍可摸到	消失，不易摸到分岔处	不能再摸到分岔处				
	质地	柔软	壁厚而有弹性	孕角松软，波动；空角较有弹性	薄软、有清楚的波动		薄软、有清楚的波动	薄而软				

（续）

部位		未怀孕且不发情时	怀孕20～25天	1个月	2个月	3个月	4个月	5个月	6个月	7个月	8个月	9个月
子宫角	收缩反应	触诊引起收缩，较有弹性	触诊引起收缩，较有弹性	孕角不收缩或有时收缩，收缩时有弹性	孕角不收缩或有时收缩，收缩时子宫纵呈椭圆形	轻微摸不到				摸不到		
	子宫叶	无	无	无	已有，但摸不出来	有时感觉呈粒状，大小如蚕豆	清楚呈大小如卵巢	体积更大	大小如鸽蛋	大小如鸽蛋	大小如鸡蛋	大小如鸡蛋
	位置	骨盆腔内（经产牛的垂入腹腔）		骨盆腔内	耻骨前缘前下方	耻骨前缘	腹腔内，在肠胃充满时回至骨盆腔入口					
子宫颈位置		骨盆腔内		骨盆腔内		耻骨前缘	耻骨前缘之前	耻骨前缘前下方	腹腔内	腹腔内	骨盆入口	一部分进入骨盆腔
胎儿		摸不到	摸不到	摸不到	耻骨前缘下方	在胃肠内容物充满时偶尔可以触及	耻骨前缘之前，在胃肠内容物充满时偶有侧有的怀孕	耻骨前缘下方时常可以摸到胎儿	因位置低，有时摸不到	容易摸到	容易摸到	前置部分进入骨盆腔
子宫动脉	子宫动脉	正常脉搏	正常脉搏	正常脉搏	正常脉搏，但偶尔在距子宫角起点较近处能摸到很微弱的怀孕脉搏		孕角怀孕脉搏开始清楚	孕角怀孕脉搏已明显	孕角怀孕脉搏较明显，空角微弱孕脉搏	空角已经明显，侧孕脉搏	两侧均明显	两侧均明显
	阴道动脉子宫支	松弛	正常脉搏				紧张（视子宫位置而定）		孕角怀孕脉搏已较明显，空角有微弱的怀孕脉搏	孕角开始出现很轻微的怀孕脉搏	孕角怀孕脉搏已较清楚	两侧均明显
子宫阔韧带										不易摸到		

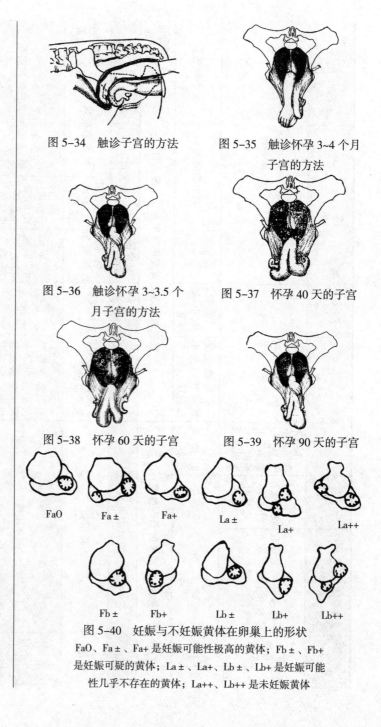

图 5-34　触诊子宫的方法

图 5-35　触诊怀孕 3~4 个月
子宫的方法

图 5-36　触诊怀孕 3~3.5 个
月子宫的方法

图 5-37　怀孕 40 天的子宫

图 5-38　怀孕 60 天的子宫

图 5-39　怀孕 90 天的子宫

FaO　　Fa±　　Fa+　　La±　　La+　　La++

Fb±　　Fb+　　Lb±　　Lb+　　Lb++

图 5-40　妊娠与不妊娠黄体在卵巢上的形状
FaO、Fa±、Fa+ 是妊娠可能性极高的黄体；Fb±、Fb+
是妊娠可疑的黄体；La±、La+、Lb±、Lb+ 是妊娠可能
性几乎不存在的黄体；La++、Lb++ 是未妊娠黄体

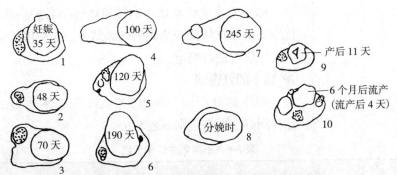

图 5-41　妊娠黄体的形态变化①
妊娠黄体伴随怀孕时间的不断延长，所发生的形态变化

（3）B 超早期妊娠诊断法① 借助 B 超诊断仪进行奶牛的妊娠诊断，其最早检测时间和检测准确率都比较高（图 5-42 至图 5-46）。

（4）孕酮测定法 通过乳汁和外周血中孕酮（P_4）含量判断是否妊娠，检测妊娠准确率在 80%~95%，而检测判定未妊娠的准确率可达 100%。

①B 超妊娠诊断法：妊娠诊断最早于配种后 28 天即可进行，诊断时间早、准确率高。图像清晰直观，当看到黑色的孕囊暗区或者胎儿骨骼影像即可确认早孕阳性。

②B 超诊断仪的选择要求：携带方便、操作简单、图像清晰、可充电，适合野外操作。

图 5-42　几种兽用 B 超诊断仪②

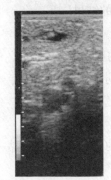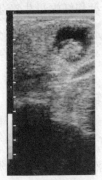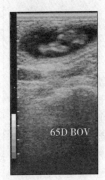

图 5-43　怀孕 27 天　　图 5-44　怀孕 30 天　　图 5-45　怀孕 45 天　　图 5-46　怀孕 65 天

（5）免疫学诊断法 利用机体怀孕后的一些特异性抗原的抗原抗体反应来判断妊娠结果。如利用凝集反应、沉淀反应等进行判定。

▶ 奶牛的妊娠期

奶牛的妊娠期一般为 273~291 天，平均为 280 天。品种间妊娠期有差别（表5-6）。

表5-6 不同奶牛怀孕天数

单位：天

品 种	荷斯坦牛	娟姗牛	短角牛	瑞士褐牛	西门塔尔牛
怀孕天数	278～282	277～280	281～284	288～291	278～308

▶ 奶牛预产期的计算

母牛怀孕后，为了做好分娩前的准备工作，应准确推算预产期。其方法为：

配种月减3或加9，日加6，这样推算出的妊娠期为280天。例如，某牛2000年2月4日配种，其预产期推算：月份为2减3不够减，则加9为11。日期为4加6等于10，则该牛的预产期为2000年11月10日。

5. 奶牛分娩与助产

分娩是指犊牛出生和胎衣排出的过程。是胎儿、胎盘和妊娠母牛产生的各种激素共同作用的结果。

▶ 分娩征兆

处于临产前夕的母牛会产生一系列的变化和分娩征兆。

◆ 乳房肿胀，甚至发生水肿（特别是初胎和二胎年轻母牛）；

◆ 骨盆韧带松弛，骨盆腔开张，即"开骨缝"[①]；

◆ 产前1~2天阴道内常流出粗大的、鸡蛋清样的黏液，长长地垂于阴门外；

◆ 临产前母牛神情不安，食欲下降，弓腰举尾，频

①开骨缝：产前1~2天时母牛骨盆韧带松弛，骨盆腔开张。从母牛臀部可清楚地观察到骨缝松开的塌陷痕迹，尤其是尾根双侧肌肉呈明显塌陷状态。

频排尿，回头观腹，常常哞叫，频繁努责。

母牛的分娩过程

母牛的整个分娩过程可分为三个阶段，即开口期、产出期、胎衣排出期（表5-7，图5-47）。

表 5-7　奶牛分娩不同时期的表现

分娩阶段	持续时间	划分依据	母牛分娩征状和表现
开口期	4～6 小时	从临产母牛阵缩开始，至子宫颈口完全开张为止	轻微不安，食欲下降，反刍不规则，尾根频举，常做排尿姿势，不时排出少量粪尿（图5-47）
产出期	0.5～4 小时	从胎儿前置部分进入产道，至胎儿娩出为止	起卧不定，频频弓腰举尾做排尿状；不久即出现第一个"水袋"，随后破裂，流出黄色的液体，并出现白色水泡（羊膜），羊膜随着胎儿向外排出而破裂，流出浓稠、微黄的羊水。母牛继续努责，使得胎儿前肢伸出阴门外，经多次反复伸缩并露出胎头后，伴随产牛的不断阵缩和努责，整个胎儿顺产道滑下，脐带自行撕裂
胎衣排出期	分娩后12小时以内	从胎儿娩出到胎衣完全排出为止	

图 5-47　奶牛分娩开口期的结束（A）和产出期的开始（B）

A.第一个"水袋"　B.犊牛的前肢露出

难产

难产是犊牛出生时或出生后较短时间内死亡的主要原因。难产常导致胎衣滞留和子宫感染的概率增加，从而推迟下一次妊娠时间并延长产犊间隔。难产的主要原因有：胎儿异位、胎儿体重过大、母牛产道狭窄和母牛分娩无力（图5-48、图5-49）。

（1）胎儿异位　胎儿出生时体位不正确，发生了变化，导致母牛难产。

①图5-48：犊牛出生时正常胎位；胎儿的前肢位于头下方。

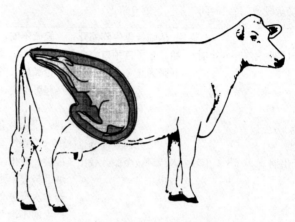

图5-48　犊牛出生时正常胎位①

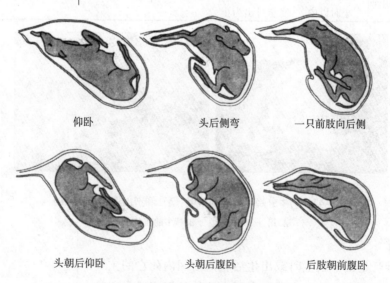

仰卧　　　　　　　头后侧弯　　　　　一只前肢向后侧

头朝后仰卧　　　　头朝后腹卧　　　　后肢朝前腹卧

图5-49　犊牛出生时异常胎位种类

（2）胎儿体重过大　主要是在母牛妊娠最后3个月，饲喂高水平蛋白质饲料，造成胎儿营养过多，使得胎儿过大，发生难产。

（3）母牛产道狭窄　此情况多发生于青年母牛尚未达到体成熟时期就开始配种，造成母牛个体小，分娩时发生产道狭窄性难产。

（4）母牛分娩无力　母牛年老体弱，饲料不足或品质不良、缺乏运动或使役过重，引起子宫紧张性降低，责及阵缩无力，从而引发母牛分娩无力。

难产的助产

（1）助产前检查　助产前需对母牛和胎儿进行检查，检查内容包括：

①资料检查：初产还是经产，初产母牛多因产道狭窄而难产；经产母牛的难产多由于胎儿的位置、方向、姿势不正。

②状况检查：开始分娩时间，胎膜是否破裂，有无羊水流出，以确定采取助产的时间。

③母牛检查：如心跳是否过弱或亢进，节律不齐，是否需要给予输液或强心等。

④产道检查：产道是否干燥、水肿或狭窄，子宫颈的开张程度，硬产道有无畸形，并注意流出的液体颜色和气味是否正常。

⑤胎儿检查：检查胎儿的正生或倒生情况。胎位、胎向、胎势以及胎儿进入产道的程度，判断胎儿的死活，以确定助产的方法和方式。

（2）助产前准备　将母牛置于前低后高的体位站立保定，如不能久站可行侧卧保定。将胎儿露出部分及母牛的会阴、尾根处洗净，再以0.1%高锰酸钾液消毒。准备2~3条长约3米、直径约0.8厘米的柔软坚韧棉绳作牵拉胎儿用。

（3）助产注意事项

①矫正复位：先将胎儿送回产道或子宫腔内，再矫正胎儿的方向、位置、姿势，以便于操作。推回时机应在母牛阵缩的间歇期，前置部分最好拴上产科绳。

②润滑产道：为便于推回矫正或拉出胎儿，尤其是母牛产道干燥时，应向产道内灌注大量润滑剂。

③配合分娩动力：牵拉胎儿时，操作者要配合母牛努责的节律，沿着产道的方向适力牵拉，以免损伤产道。

④矫正胎位无望及母牛子宫颈狭窄、骨盆狭窄，应及时进行剖腹取胎手术；对胎儿已死和拉出确有困难者，可用隐刃刀或绞胎器肢解胎儿后分块取出。

（4）难产的助产操作

①分娩无力的助产：术者将手伸入产道，按上述注意事项，强行将胎儿拉出。或者注射催产素注射液或垂体后叶素加强分娩力度。

②胎儿异位的助产：

◆ 头颈侧弯　将产科绳缚在胎儿两前肢腕关节上，用器械或产科棒将胎儿推入子宫，然后将绳套缚住胎儿下颌部或以手握住胎头，拉直头颈。

◆ 头颈下弯　可将手掌平伸入骨盆底，握住胎儿唇端，将胎儿头颈部推入子宫，必要时套以产科绳套或用产科钩，将胎儿向前拉直，连同两肢一同拉直胎儿。

◆ 头向后仰　用产科棒将胎儿推入子宫，以产科绳缚在下颌部拉直胎头。

◆ 前肢腕关节屈曲　先以产科棒将胎儿推入子宫，用手握住腕部并向上抬起，沿着腕部下移握住蹄部，在母牛阵缩间歇时，将胎儿前肢完全伸直而引入骨盆。

◆ 肩部前置　术者手伸入母牛产道，握住腕关节或缚以产科绳前拉，使肘关节和腕关节屈曲，再以腕关节屈曲胎势方法矫正。

◆ 后肢跗关节屈曲　先将胎儿推入母牛子宫内，以手握住胎儿跗关节将后肢向上抬起，再握住胎蹄向后牵拉，使后肢向后伸直，将胎儿矫正成倒生姿势。

◆ 臀部前置　先将胎儿推入子宫，然后握着跗关节向后牵拉成跗关节屈曲，再以后肢跗关节屈曲姿势进行矫正。

◆ 下位和侧位　母牛仰卧保定后，将胎儿推入腹腔，当处于下位时，可以手握住胎儿的右肩或左肩（或股部），将胎儿沿纵轴转向90°成侧位，再转向90°成上位。

◆ 横向　先抬高母牛的臀部，以产科梃向母牛前方抵住胎儿的臀端或肩胸部，将另一端向子宫颈外口方向牵拉，令胎儿方向矫正成为纵向的正生或倒生。同时出现有其他胎势异常时，也一并进行矫正。

③胎儿过大：先在母牛产道内充分注入润滑剂，再依次牵拉胎儿前肢，以缩小胎儿肩部的横径，配合母牛阵缩和努责，将胎儿拉出。

（5）助产后的护理

◆ 预防感染，对外产道进行清洗、消毒及注射抗生素；

◆ 防治出血，母牛有出血时可肌内注射麦角新碱或止血剂；

◆ 及时供给母牛足够的温水或麸皮汤；

◆ 缓解疼痛；

◆ 及时了解胎衣排出情况；

◆ 恢复体力，产后多喂给母牛易消化、营养丰富的饲料；

◆ 坚持体温检测。

难产的预防

有些难产是可以通过前期的预防措施避免的。其具体措施包括：

（1）公牛顺产指数　生产中应根据改良母牛的体质状况和生产条件，特别是体型小的青年奶牛要选择顺产指数高的公牛精液或其他小体型的奶牛品种配种（如娟姗牛）。

（2）正确掌握母牛初配年龄　过早配种，母牛难产的可能性增大。初配牛龄主要依据母犊生长发育状况来确定，一般以体重达到成牛标准体重的70%为宜，年龄在16~18月龄，体质状况差的可延长到22月龄。

（3）控制营养物质供给量　在满足母牛营养物质需要的前提下，要避免母牛因营养过剩造成过肥。要注意饲草饲料的品质搭配和维生素、矿物质的添加。

（4）控制胎儿过大　妊娠期的最后3个月是胎儿增长速度最快的时期，此期增重占犊牛初生重的70%~80%。所以，此时既要满足胎儿的营养需要，又要严格控制营养物质的供给量，切不可给母牛过量补料，以免胎儿发育过大。

（5）加强饲养管理　不让孕牛饮冰水、污水，不喂霉败饲料。做好防病保健，及时淘汰不适宜繁殖的母牛。

六、奶牛生产阶段划分
及其主要生产任务

目标
- 掌握奶牛生产阶段的划分方法
- 了解奶牛各阶段的生产任务

当前，我国奶业正在向规模化、标准化、设施化方向发展，奶牛饲养方式已经产生了根本性改变。奶牛规模化散栏饲养的推行、现代化标准牛舍的兴建、机械化挤奶、全混合日粮饲喂，客观上对奶牛的分群饲养和管理提出了迫切要求，同时，不同时期奶牛的生理变化和生长特性，也为分群分阶段饲养提供了内在的基础和可能。奶牛分群分阶段饲养管理，使得各阶段的生产任务更加明确，更有利于奶牛场各种资源的合理配置和经济效益的提高。

1. 奶牛生产阶段划分

▶ 奶牛生产阶段划分的目的和意义
- ◆ 有利于标准化奶牛场的规划布局和建设；
- ◆ 有利于奶牛场生产的合理分工和作业；
- ◆ 有利于先进技术设备的配套和应用；
- ◆ 利于科学制订生产和管理计划，节约成本资源；
- ◆ 有利于维护奶牛健康，提高奶牛的生产水平。

▶ 奶牛生产阶段划分
按照奶牛一生的生理变化与生长特性，可将奶牛生产划分为四个阶段，即犊牛阶段、育成牛阶段、青年牛阶段和成年牛阶段，见图6-1。

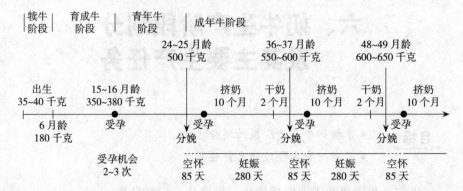

图6-1 按照奶牛一生生理变化和生长特点划分的生理阶级

奶牛在第一次产犊以后，就进入成年阶段，此后表现出规律性的产犊和产奶周期，一般产犊间隔为12～13个月。根据成年母牛的生理变化，又可将产奶周期划分为干奶期、围产期、泌乳盛期、泌乳中期和泌乳后期五个阶段。从图6-2可见不同阶段的产奶量、采食量和体

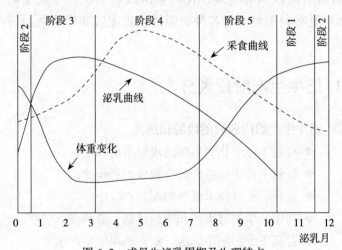

图6-2 成母牛泌乳周期及生理特点

阶段1：干奶期 阶段2：围产期 阶段3：泌乳盛期

阶段4：泌乳中期 阶段5：泌乳后期

重的变化不尽一致，其生理特点差异也十分显著，因此不同时期的任务也各不相同。

2. 奶牛各阶段生产任务

奶牛场的生产任务可以从两个方面来考虑：一个是从奶牛一生各阶段和成年牛生产周期各时期来考虑安排生产，将任务分解到不同阶段的各群奶牛和各个班组；另一个是根据每年各季节饲草饲料等生长、收获与加工利用情况，以及随自然气候变化奶牛场的防疫、驱虫、牛奶销售等来安排生产任务，将任务分解到各个自然月份。这两个方面角度不同，任务各成体系但又相互重叠，奶牛场应统筹兼顾。

▶ **奶牛一生各阶段的生产任务**

奶牛的生产阶段不同，其生产任务也不同。

（1）**犊牛阶段** 犊牛是指从出生到 6 月龄以前的小牛。犊牛是奶牛生产的第一步，由于这一阶段的小母牛瘤胃发育尚不健全，对外界环境的适应能力较差，因此这一阶段的主要任务是提高成活率，促进瘤胃发育，培养健康的犊牛群（图 6-3）。

（2）**育成牛阶段** 育成牛指 6 月龄到配种前的母牛。育成牛培育的主要任务是保证奶牛的正常发情和适时配种。适时配种年龄一般要求在 15~16 月龄，这时体重要求达到 350~380 千克，这期间的日增重要求达到 600~750克。搞好这一阶段的培育与奶牛机体尤其是乳腺的生长发育和以后生产性能的正常发挥关系极大。

（3）**青年牛阶段** 配种以后至初产这一阶段的母牛称为青年母牛，也叫做初孕牛。主要生产任务是增进奶牛自身的健康与保胎，由于青年母牛仍处在生长发育阶段，仍有一定体重增长。但是这一阶段，切忌奶牛体重

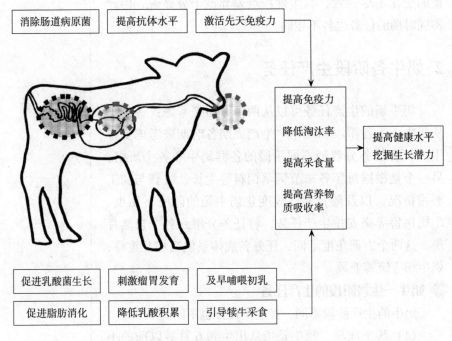

| 消除肠道病原菌 | 提高抗体水平 | 激活先天免疫力 |

提高免疫力

降低淘汰率

提高采食量

提高营养物质吸收率

提高健康水平
挖掘生长潜力

| 促进乳酸菌生长 | 刺激瘤胃发育 | 及早哺喂初乳 |
| 促进脂肪消化 | 降低乳酸积累 | 引导犊牛采食 |

图6-3　犊牛阶级的生产任务

过快增长，因为过大的日增重不利于乳腺的发育。因此，要控制奶牛日粮营养水平，保持适当体况，不得过肥。

（4）成年牛阶段　奶牛在第一次产犊后即进入成年阶段。根据生产周期，成年奶牛每隔12~13个月经历一个生产周期。其五个生理时期各有区别，主要生产任务也略有不同，见表6-1。

▶ 全年各月份的生产任务

随着一年四季气温的变化，以及饲草饲料等经济作物交替收获与上市，人们的经济社会活动呈现规律性的变化，因此，奶牛场的生产任务亦应顺其自然进行安排或调整，对此，应将全年各月份的生产任务进行合理分解。由于全国各地气候条件不同，生产任务应根据当地实际情况进行。以天津地区为例，各月份的主要生产任务安排如下。

表 6-1　成年奶牛各生理时期阶段划分及主要生产任务

生理时期	阶段划分	主要生产任务
干奶期	停止挤奶至分娩前15 天	科学干奶，治疗和预防乳房炎，转入干奶群 保胎，乳房保健 调整和控制体况，防止过肥
围产期	分娩前后各 15 天	转入产房饲养，采取引导饲养法，控制体况 计算好预产期，做好产前、产中及产后准备工作 做好产牛的护理，预防产后疾病 做好新生犊牛的饲养管理
泌乳盛期	分娩后第 16 天至产奶第 100 天	转入高产牛群，采取挑战饲养法，抓高产 监控营养水平，防止营养负平衡，保健康 搞好卫生，减少乳房炎、子宫炎、肢蹄病发生率 搞好发情鉴定，适时配种，争取产后 90 天内配种
泌乳中期	产奶第 101 天至200 天	转入中产牛群，逐渐改变日粮结构 监控营养水平，防止产奶量下降过快 做好奶牛妊娠诊断，防止漏配、误配 做好保胎工作，防止流产
泌乳后期	产奶第 201 天至305 天	转入低产牛群，逐渐改变日粮结构 监控营养水平，保持适当营养，促使奶牛恢复体况 做好保胎工作 做好干奶前的准备工作

一月份

◆ 填报上一年度生产统计报表，总结上一年度工作；

◆ 研究部署本年度生产计划，制订各项实施细则；

◆ 天气寒冷，做好防寒保暖工作，预防奶牛感冒或肺炎等呼吸道疾病；

◆ 做好饲草饲料管理，禁止饲喂冰冻饲料，尽可能使用保温水槽，特别是对围产期牛、高产牛和犊牛的护理要精心、细致。

二月份

◆ 安排好春节期间的生产和安全，避免劳力、饲料脱节及人为灾害；

◆ 继续搞好防寒越冬及疾病预防工作；

◆ 检查配种工作及存在的问题。

三月份

◆ 安排春季布鲁氏菌病、结核病的防疫、检疫工作；

◆ 防疫、检疫结束，对牛舍、运动场进行春季大消毒；

◆ 进行春季牛群肢蹄检修工作；

◆ 做好植树造林的准备工作。

四月份

◆ 安排植树造林和牛场绿化工作；

◆ 做好牛群炭疽芽孢疫苗的注射；

◆ 检查青贮玉米播种数量与质量；

◆ 进行牛群驱虫，做好春季寄生虫病预防工作；

◆ 在粗饲料青黄不接时节，防止过量饲喂青草而引起奶牛下痢、瘤胃鼓气、青草抽搐等疾病。

五月份

◆ 对春季配种奶牛进行复查，对查出的不孕牛采取相应措施；

◆ 对干草采取保护措施，以防雨淋、霉烂变质；

◆ 气温回升，对地沟、低湿处进行消毒、整理，以防蚊蝇滋生；

◆ 加强牛奶的初步处理，以防酸败；

◆ 检查、维修青贮机械及青贮窖。

六月份

◆ 天气炎热，做好防暑降温工作；

◆ 组织青贮工作临时班子，做好青贮的准备工作；

◆ 加强挤奶机检修，做好挤奶管道和贮奶罐的清洗消毒工作，严把产品质量关；

◆ 做好牛舍维修工作，防止雨季和暴风袭扰。

七月份

◆ 检查上半年生产任务完成情况及存在问题；

◆ 搞好青贮饲料的制作和贮存工作；

◆ 搞好防暑降温，尽量减少热应激对奶牛健康和产奶的影响；

◆ 进一步加强挤奶机和贮奶系统的清洗消毒，提高产品质量。

八月份

◆ 抓紧青贮饲料的贮存工作，青贮结束对全场进行大消毒；

◆ 进行不孕牛的普查及治疗工作；

◆ 对工人进行新技术培训。

九月份

◆ 整理产房、做好产犊高峰季节的准备工作；

◆ 安排秋季布鲁氏菌病、结核病的防疫、检疫工作；

◆ 收储青干草，检查玉米青贮窖的漏水、漏气等异常情况；

十月份

◆ 进行牛群普查鉴定工作；

◆ 做好秋季牛群肢蹄检修工作；

◆ 对牛群进行驱虫，做好秋季寄生虫病防治工作。

十一月份

◆ 做好块根、块茎饲料以及其他饲料的青贮工作；

◆ 总结年度配种工作；

◆ 做好冬季防寒保暖工作。

十二月份

◆ 统计各种数据，为年终总结做好准备；

◆ 研究布置下一年度生产计划；

◆ 做好防寒保暖、安全越冬工作。

七、奶牛饲养

目标

● 了解犊牛的生理特点，掌握犊牛的饲养方法

● 了解育成牛和青年牛的生理特点，掌握饲养要点

● 了解成母牛的生理特点，掌握各阶段奶牛饲养要点

奶牛饲养的目的在于深入了解各阶段奶牛的消化生理特点和生活习性，按照奶牛饲养标准科学组织饲料生产、配合全价日粮、优化饲喂工艺，确保实现奶牛生长发育目标，挖掘奶牛遗传潜力，争取持续高产，保障奶牛健康与长寿，资源节约，环境友好，原料奶优质化和经济效益最大化。

1. 犊牛的饲养

▶ 犊牛生理特点

6月龄以内的小牛均称为犊牛。犊牛有许多特点，主要表现在以下几方面。

◆ 犊牛与成年奶牛的体形相比，高度发育充分而长度发育不足。因此，犊牛显得头大、躯干较短而且浅，四肢长，且前低后高。

◆ 相比成年奶牛，犊牛体组织中骨骼的比重大，肌

肉次之，但少有脂肪附着。

◆ 犊牛出生时体内没有抗体和脂溶性维生素（维生素A、维生素D、维生素E），必须从初乳中获得。且整个犊牛期内体质较弱，对外界不良环境抵抗力差。

◆ 犊牛期间日增重小，绝对生长慢，但相对生长很快。

◆ 瘤胃比重较小，必须正确饲养，促使其健康发育。

◆ 犊牛活泼好动，不易管理。

▶ 犊牛的饲养

为便于饲养，犊牛阶段又划分为新生期、哺乳期和断奶后期。

（1）新生期犊牛饲养

①出生地点：新生犊牛出生的地点对母牛和犊牛的健康很重要。母牛分娩应该在舒适、温暖和干净卫生的产房内进行，最好有专门的产床。临产前，产床经过严格消毒，铺上干净褥草或床垫（图7-1）。

图7-1　犊牛出生在产房的产床上

②出生注意事项：新生犊牛顺利出生后，应当按顺序做好以下工作（图7-2）。

◆ 母牛分娩时，犊牛头部露出，要及时清除犊牛口鼻中的黏液，以免发生窒息。

◆ 犊牛出生落地后，从脐部向外捋净脐带血液，在距离脐部10厘米左右处将脐带扯断，用碘酒消毒，以免感染。

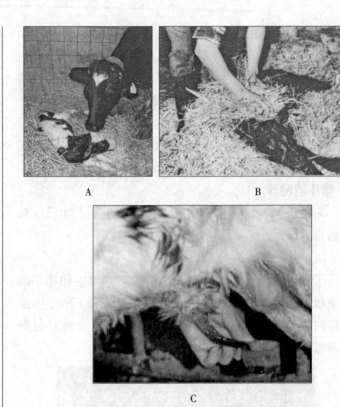

图7-2 犊牛出生后舔干或擦干身上黏液（A）、
断脐（B）并消毒（C）

◆ 犊牛出生后，让母牛舔干犊牛身上的黏液；也可
用干净毛巾或者纸巾擦干。

◆ 擦净黏液后，及时称量犊牛初生重，进行记录。

◆ 半小时后将犊牛和母牛隔离，将犊牛放入事先消
毒和清理干净的犊牛床内，等待饲喂初乳。

◆ 从犊牛母亲乳房挤出约2千克的初乳（第一次不
宜挤得太多），趁热给犊牛一次全部喂完，此项工作最晚
不得超过产后2小时。

◆ 为母犊及时进行犊牛登记，以免发生身份混乱。

③新生期犊牛饲养原则：新生期犊牛的饲养非常重

要，奶牛场总是会面对复杂的"犊牛问题"。

◆ 良好的环境卫生；

◆ 适宜的环境温度；

◆ 初乳准备；

◆ 初乳饲喂；

◆ 饲喂的时间安排；

◆ 其他管理。

④饲喂初乳：在母牛妊娠期间，受胎盘血液屏障的阻隔，母体免疫球蛋白等大分子物质难以进入胎儿体内，使得初乳成为犊牛获得后天免疫力的唯一途径。因此，犊牛出生后必须及时获得初乳，而且是越早越好。

◆ 初乳的特点与功能：母牛产犊后 5 天内分泌的乳称为初乳。严格来说，母牛分娩后第 1 天挤出的乳称为初乳，第 2 天至第 4 天所产的乳称为过渡乳。5 天以后的乳已接近常乳。

◆ 初乳的成分组成：奶牛初乳、过渡乳和常乳的成分组成有很大的差异，这就决定了其营养价值和生物学功能有很大不同（表 7-1）。

表 7-1　初乳和常乳组成成分的比较*

组　　成	产后挤奶次序					
	1	2	3	4	5	11
	初乳			过渡乳		常乳
总固体（%）	23.9	17.9	14.1	13.9	13.6	12.5
脂肪（%）	6.7	5.4	3.9	3.7	3.5	4.0
蛋白质（%）**	14.0	8.4	5.1	4.2	4.1	3.2
抗体（%）	6.0	4.2	2.4	0.2	0.1	0.09
乳糖（%）	2.7	3.9	4.4	4.6	4.7	4.9
矿物质（%）	1.11	0.95	0.87	0.82	0.81	0.74
维生素 A（微克/分升）	295.0	—	113.0	—	74.0	34.0

* 引自美国威斯康星大学贝比考克奶牛发展国际研究所资料；

** 蛋白质包括下一行中的抗体。

◆ 初乳的生物学功能与作用：

➡ 初乳中含有较多的干物质（第一次挤出的初乳干物质含量高达 24%），黏度大，能覆盖在消化道表面，起到黏膜的作用，及时饲喂可阻止细菌侵入血液；

➡ 初乳含有较高的酸度，可使胃液变成酸性，有助于抑制有害细菌的繁殖，并刺激消化道发育；

➡ 初乳中含有溶菌酶和免疫球蛋白 1%~6%，能抑制和杀灭多种病菌。初乳中含有多种类型的抗体（包括 IgG、IgA、IgM 等），分别执行不同的免疫功能，可防止犊牛感染；

➡ 初乳中含有丰富而易消化的养分，其中蛋白质含量较常乳高 4~7 倍，乳脂肪多 1 倍左右，维生素 A、维生素 D 多 10 倍左右，各种矿物质含量也很丰富；

➡ 初乳中含有较多的镁盐，有利于胎粪的排出。

◆ 影响初乳中抗体浓度的因素：

➡ 奶牛品种；

➡ 胎次（泌乳期数）；

➡ 初乳量；

➡ 干奶期长度；

➡ 奶牛总体健康程度。

⑤初乳哺喂的时间：初乳中的免疫球蛋白只有在未消化状态透过肠壁被犊牛吸收入血后才具有免疫功能。初生犊牛第一次吃初乳其免疫球蛋白的吸收率最高，随着时间的延长，肠壁上皮细胞收缩，免疫球蛋白的通透性开始下降，出生后 24 小时，抗体吸收几乎停止（图 7-3）。也就是说在此期间如果不能吃到足够的初乳，对犊牛的健康就会造成严重的威胁。因此，犊牛出生后要尽早吃到初乳，第一次喂初乳最好不超过 2 小时。

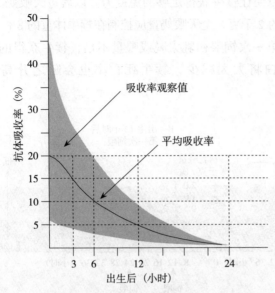

图 7-3　新生犊牛吸收抗体的能力急剧减弱

⑥初乳的喂量：第一次饲喂初乳的合适喂量，通过下面的计算可得。犊牛在出生时身体内不含任何抗体，而要想使犊牛获得足够的抗体，犊牛血液中 IgG 的浓度至少应达到 15 克 / 升。计算如下：

犊牛体重：40 千克

血液容积（约占体重 10%）：4 升

饲喂初乳后血液中 IgG 至少应该达到：10 克 / 升

犊牛对初乳中 IgG 的吸收率：30%

初乳中 IgG 的浓度：50 克 / 升

饲喂 4 升（约 2 千克）初乳可获得 IgG：200 克

按 30% 吸收率可吸收 IgG：60 克

结果每升血液中 IgG 的浓度可达：15 克

因此，犊牛在出生 2 小时内应完成第一次饲喂，第一次喂初乳量应达到 2 千克左右，出生 6~9 小时喂第二次，在 24 小时内共饲喂 3~4 次，总共饲喂 6~8 千克初乳，以便让犊牛获得足够的免疫力。以后每天喂奶2次，每次约2千克，全天喂奶量应控制在犊牛体重的8%~10%。如果第一次饲喂初乳太晚或喂量不足，犊牛获得的免疫球蛋白将大大减少，犊牛死亡率也会随之升高（图7-4）。

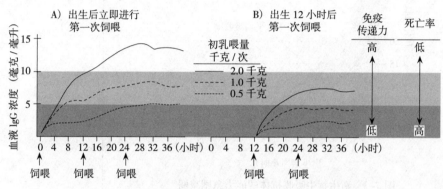

图7-4 初乳饲喂时间和喂量与犊牛健康和死亡率的关系

⑦初乳的饲喂方法：每次初乳都应即挤即喂，保证奶温35~40℃，最好饲喂犊牛母亲的初乳，至少3~5天。初乳不可稀释，每次喂乳之后1~2小时，可喂饮35~40℃温开水一次。

哺喂初乳最好用经过严格消毒的带奶嘴的喂奶器（图7-5），如果没有，也可以用小盆代替，但需要仔细

图7-5 犊牛自动喂奶器

教犊牛吮奶，以免犊牛将奶吸入气管引起呛奶。如遇犊牛柔弱或患病不能自行饮奶，则要用胃管帮助犊牛饮奶（图7-6）。

图 7-6　通过胃管帮助犊牛饮奶

（2）哺乳期犊牛饲养

①犊牛瘤胃的发育：犊牛刚出生时，瘤胃尚没有发育，其体积仅占胃总容积的 25% 左右，和其他单胃动物一样，需要以牛奶为主进行喂养，摄入的牛奶绕过瘤胃直接进入真胃进行消化吸收。但是，实践证明犊牛可以实行早期断奶。在早期断奶饲养方案指导下，如果让犊牛适时采食一定量的精料（开食料），犊牛的瘤胃便可以得到很好的发育。图 7-7 显示了犊牛在出生早期前胃发育的情况：在精料及其发酵产物刺激下，瘤胃发育迅速加快，8 周龄时已经开始反刍，瘤胃体积已达胃总容积的60%，此时犊牛每日已可采食精料 0.75 千克以上，是断奶的好时候；断奶后，犊牛大部分能量和蛋白质来自于饲料的发酵产物，12 周龄时瘤胃已经得到充分发育。图 7-8 反映了犊牛在哺乳期内喂和不喂精料时瘤胃发育的差异。

②哺乳期犊牛饲养方案：在经过 3~5 天的初乳期之后，犊牛进入常规的哺乳期饲养。犊牛哺乳期各地不尽一致，一般为 2 个月，哺乳量为 200~250 千克。其饲养方案见表 7-2。

生后周龄

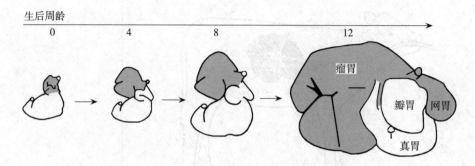

图7-7　犊牛早期前胃发育的变化

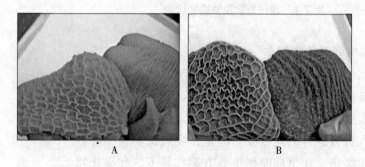

图7-8　哺乳期内犊牛喂与不喂精料时瘤胃发育的对比

A.只喂牛奶，不喂精料，瘤胃发育迟缓，瘤胃乳头不发达，颜色浅

B.牛奶和精料同时饲喂，瘤胃发育较快，瘤胃乳头丰富，颜色变深

表7-2　犊牛饲养方案

日　龄	喂奶量（千克/天）	犊牛料喂量（千克/天）
1	6.0（初乳）	—
2～5	5.0（过渡乳）	—
6～20	4.0～5.0（常乳）	7天饲喂精料，0.2
21～30	4.5	0.4
31～45	3.0	0.5
46～60	—	0.5～0.75

　　③犊牛代乳料：是为哺乳期犊牛专门配制的一种精饲料（表7-3），0~3周龄犊牛的代乳料营养成分大致见表7-4。

表 7-3　犊牛代乳料配方组成及营养成分

配方组成	精饲料起始料*				全价饲料起始料**			
	1	2	3	4	1	2	3	4
	饲喂量（千克）							
苜蓿籽粒	—	—	—	—	18.9	17.0	18.8	16.0
玉米籽粒	35.0	30.0	50.0	50.0	24.0	22.0	—	15.0
玉米穗（籽粒＋玉米芯）	—	—	—	—	—	22.0	35.0	10.0
燕麦	35.0	23.0	—	—	35.0	—	22.0	10.0
小麦麸	—	10.0	10.0	—	—	—	—	—
甜菜头	—	—	—	—	—	15.0	—	10.0
面筋粉	—	—	—	20.0	—	—	—	10.0
酿造副产品	—	—	10.0	—	—	—	—	10.0
亚麻籽粉	—	10.0	10.0	10.0	—	—	—	—
44％粗蛋白添加料	22.7	10.0	12.8	12.9	15.0	17.0	17.0	12.0
干奶清粉	—	10.0	—	—	—	—	—	—
糖浆	5.0	5.0	5.0	5.0	—	—	—	—
矿物质,23％钙和18％磷	0.6	—	—	—	1.1	1.2	1.2	1.0
石灰粉或碳酸钙	1.4	1.7	1.9	1.8	0.7	0.5	0.7	0.7
混合微量元素	0.3	0.3	0.3	0.3	0.3	0.3	0.3	0.3
总量	100	100	100	100	100	100	100	100
营养成分	组成成分（以干物质计算）							
能量								
总可消化营养***（％）	80.3	79.5	81.8	82.7	75.6	76.1	75.1	77.4
基础代谢维持净能（兆焦/千克）	8.19	8.11	8.36	8.44	7.52	7.65	7.52	7.82
生长所需净能（兆焦/千克）	5.52	5.43	5.68	5.81	4.97	5.06	4.97	5.14
粗蛋白（％）	19.9	19.6	20.2	20.7	18.4	18.5	18.5	19.4
酸性洗涤纤维（％）	8.6	8.3	7.6	6.7	14.2	16.6	15.4	16.1
中性洗涤纤维（％）	18.0	20.4	18.6	17.6	24.3	27.6	26.2	30.1
钙（％）	0.89	0.95	0.94	0.95	0.82	0.84	0.85	0.85
磷（％）	0.51	0.59	0.52	0.51	0.51	0.51	0.52	0.52
微量元素（％）	0.28	0.28	0.28	0.28	0.34	0.34	0.34	0.34

＊　谷物精饲料起始料可以和优质粗饲料配合饲喂。

＊＊　全价饲料含有较高的纤维，因而可以单独饲喂。

＊＊＊　总的可消化营养＝可消化粗蛋白（％）＋可消化粗纤维（％）＋可消化无氮浸出物（％）＋2.25×乙醚抽取物（％）。

表7-4　0~3周龄犊牛代乳料营养成分

营　养	浓　度
代谢能	每千克干物质15.82千焦
蛋白质	最低22%
脂　肪	15%~20%
淀　粉	最大2%
粗纤维	0%
灰分	最大9%
铁	每千克干物质100毫克
钴	每千克干物质0.1毫克

对于哺乳期的犊牛，补加维生素是必需的。各种脂溶性维生素补加量见表7-5。

表7-5　0~3周龄犊牛各种饲料每千克干物质中维生素含量

营　养	代乳粉	精料	全乳
维生素A（国际单位）	7 000	3 500	4 500~13 000
维生素D（国际单位）	600	600	300
维生素E（毫克）	40	25	6~9

尽管犊牛断奶后只采食精料，消化道微生物可合成大量水溶性维生素来满足犊牛需要，日粮中不需要添加这些维生素。但在哺乳期间，犊牛的代乳粉中仍必须包括水溶性维生素（B族维生素）。其各种水溶性维生素需要量见表7-6。

表7-6　代乳粉中B族维生素的最低添加量

种　类	每千克干物质中含量（毫克）
尼克酸	2.6
泛酸	13.0
核黄素（维生素B_2）	6.5
吡哆醇（维生素B_6）	6.5
盐酸硫胺素（维生素B_1）	6.5
叶酸	0.5
生物素	0.1
维物素B_{12}	0.07
胆碱	0.26%

④哺乳期犊牛饲喂方法：与新生期犊牛大致相同。其他饲喂要点如下。

◆ 前3周可用全乳、发酵初乳或代乳粉进行饲喂。

◆ 全乳不可加水稀释。代乳粉可按照产品说明书配制饲喂。

◆ 饲喂温度35~40℃。

◆ 代乳料和水在犊牛1周龄后喂给，让犊牛自由采食。

◆ 气温在0℃以下时，每日给犊牛再增加1升奶。

◆ 做到定时、定量、定温、定饲养员。

◆ 犊牛对精料采食量达到0.75千克时即可断奶。

另外，生产实践中常发现有人利用患乳房炎或其他疾病奶牛的奶（患病初期或治疗期间所产的奶）饲喂犊牛的现象，这是不科学的。因为，这种牛奶中可能含有大量致病菌或者残留的抗生素，带菌奶可直接导致犊牛患病；而有抗生素残留的奶可破坏犊牛已经建立的肠道有益微生物区系，间接引起犊牛疾病。

（3）断奶后犊牛的饲养

①断奶后犊牛的营养需求：断奶后犊牛的饲养相对比较简单，犊牛可以独立采食精饲料，并可开始采食干草。其每日营养需要见表7-7。

表7-7 断奶后犊牛的营养需要

阶　段	月龄	目标体重（千克）	干物质（千克）	能量单位（NND）	粗蛋白（克）	钙（克）	磷（克）
	3	85~90	2.0~2.8	5.0~6.0	350~400	16~18	12~14
断奶至	4	105~110	3.0~3.5	6.5~7.0	500~520	20~22	13~14
6月龄	5	125~140	3.5~4.4	7.0~8.0	500~540	22~24	13~14
	6	155~180	3.6~4.5	7.5~9.0	540~580	22~24	14~16

据此，人们可为犊牛配制全价日粮。饲喂干草要逐渐过渡，让犊牛适应采食干草，豆科牧草和禾本科牧草可搭配饲喂，自由采食。优质的青贮饲料在2个月后可

以开始饲喂，喂量逐渐由少到多，至 6 月龄前日喂量最多不超过 10 千克。开始断奶时精料喂量每日 1 千克，以后根据体重逐渐增加，最多达 2~2.5 千克。要根据粗饲料质量来调整精料的营养浓度，以充分满足犊牛健康和增重的需要。同时，每天要供给充足的饮水。其饲养目标是使犊牛这一时期日增重达到 750 克，6 月龄时体重达到 180 千克。需注意的问题是改变犊牛日粮结构时要逐渐进行，防止突然变化引起犊牛消化不良。

②断奶后犊牛日粮配方：犊牛断奶以后，建议的日粮配方如下。

91~120 日龄：犊牛混合精料 2 千克，干草 1.4 千克，青贮 5 千克。

121~150 日龄：犊牛混合精料 2 千克，干草 1.6 千克，青贮 8 千克。

151~180 日龄：犊牛混合精料 2 千克，干草 2.1 千克，青贮 10.千克。

建议的犊牛混合精料配方为：

配方 1：玉米 65%，麸皮 17%，黄豆 10%，胡麻饼 5%，矿补剂 2%，食盐 1%，适量多种维生素。

配方 2：玉米 30%，麸皮 10%，豆饼 20%，亚麻籽饼 10%，燕麦 20%，鱼粉 7%，矿补剂 3%。

2. 育成牛和青年牛的饲养

▶ 育成牛生理特点

从 6 月龄到 16 月龄配种以前的母牛，统称为育成母牛，该阶段的母牛正处于剧烈的生长发育阶段，具有以下生理特点：

◆ 瘤胃发育迅速，12 月龄左右接近成年牛水平。

◆ 生长发育快，日增重可达 800~900 克，1 岁时体重达 250 千克。

◆ 生殖机能变化大，1 岁左右首次出现发情，以后逐渐进入有规律的性周期。

◆ 14~16 月龄时，育成牛逐渐进入性机能成熟时期，生殖器官和卵巢内分泌功能趋于健全，乳腺也会得到迅速发育；体重达到 380 千克左右，可进行第一次配种。

▶ 青年牛生理特点

从 14~16 月龄配种以后至第一次产犊之前的母牛，统称青年牛。该阶段的母牛正处于成熟生长阶段，其生理特点如下：

◆ 瘤胃发育成熟，且由于妊娠食欲大增，易肥胖。

◆ 生长减慢，但仍在发育之中，尤其是生殖系统和乳腺发育迅速。

◆ 性情开始变得温驯，是训练奶牛熟悉自由牛床的好时候。也可通过乳房按摩与奶牛亲近，以便为日后挤奶做准备。

▶ 育成牛的营养需要

育成牛饲养可分为两个阶段，7~12 月龄为小育成牛，13~16 月龄为大育成牛阶段（表 7-8）。

表 7-8　育成牛和青年牛的营养需要

阶段	月龄	目标体重（千克）	干物质（千克）	能量单位（NND）	粗蛋白（克）	钙（克）	磷（克）
育成期	7～12	280～300	5.0～7.0	12～13	600～650	30～32	20～22
	13～16	400～420	6.0～7.0	13～15	640～720	35～38	24～25
青年期	17 月龄至初产	500～520	7.0～9.0	18～20	750～850	45～47	32～34

▶ 育成牛日粮配方

与犊牛和成母牛相比，育成牛的饲养更为简单、粗放，但是正因为如此，被饲养者忽视，造成许多潜在的经济损失。例如，由于粗饲料质量低劣、饲养水平低下，导致育成牛生长发育受阻，初配年龄推迟。正确的饲养方法是在小育成牛阶段（初情期以前）加强营养，这一时期育成牛身体的快速生长对成年后产奶量的增加起着决定作用，所以生产上千万不可轻视。已怀孕的青年牛，要单独分为一群。正确的饲养方法是在妊娠期间控制奶牛增重，防止奶牛过肥，这一时期过快的增重将对产后产奶不利，原因是过于肥胖的奶牛乳腺发育可能会受阻。另外，妊娠的第9个月，营养要严加控制，以防胎儿过大发生难产。从小育成牛到青年牛，建议日粮配方和营养成分见表7-9。

表7-9　13月龄以上母牛的日粮配方及营养成分示例

配　方	13～18月龄				19～23月龄			
	1	2	3	4	1	2	3	4
	喂量（以干物质计算）							
开花中期苜蓿（千克）	5.1	10.1	—	—	11.4	7.3	6.6	—
成熟苜蓿（千克）	—	—	5.4	—	—	—	—	—
干草（千克）	—	—	—	—	—	—	—	—
玉米秸秆（千克）	—	—	—	6.5	—	—	4.1	8.6
玉米青贮（千克）	4.0	—	3.6	—	3.6	—	—	—
带皮玉米棒（千克）	—	—	—	1.5	—	0.73	1.2	
44%粗蛋白添加料（千克）	—	—	0.27	1.3	—	—	—	1.5
矿物质，23%钙，18%磷（克）	36.0	23.0	18.0	41.0	18.0	36.0	50.0	50.0
石灰粉或碳酸钙（克）	—	—	—	23.0	—	—	—	23.0
混合微量元素添加剂（克）	23.0	23.0	23.0	23.0	29.0	27.0	2.09	28.0
总摄入量（千克/天）	9.1	10.1	9.2	9.3	11.4	10.9	11.4	11.3
营养成分	组成成分（以干物质计算）							
能量								
总可消化能量（%）	65.0	61.0	64.0	64.0	61.0	63.0	60.0	62.0
维持基础代谢净能（兆焦/千克）	6.06	5.60	5.98	5.98	5.60	5.89	5.52	5.68
生长代谢所需净能（兆焦/千克）	3.68	2.76	3.51	3.51	3.22	3.39	3.13	3.22
粗蛋白（%）	13.0	16.9	12.6	12.6	18.1	14.1	13.3	12.7
酸性洗涤纤维（%）	32.0	35.0	33.0	31.0	35.0	32.0	36.0	34.0
中性洗涤纤维（%）	48.0	47.0	52.0	51.0	47.0	48.0	52.0	54.0
钙（%）	0.89	1.25	0.66	0.52	1.23	0.97	0.93	0.45
磷（%）	0.30	0.30	0.30	0.30	0.29	0.30	0.28	0.29
微量元素（%）	0.25	0.25	0.25	0.25	0.25	0.25	0.25	0.25

3. 成年母牛的饲养

▶ 成母牛生理消化特点

见图7-9。

口	网—瘤胃	瓣胃	真胃	小肠	盲肠和大肠
← 24~48 小时 →		← 1~3 小时 →		← 10~20 小时 →	
1.通过反刍降低饲料体积并使纤维性碳水化合物暴露以便细菌发酵 2.奶牛每天若咀嚼6~8小时,可产生唾液180升。若日粮中不含长纤维饲料,唾液生产量急剧下降 3.唾液富含缓冲物质(碳酸氢钠和磷)可中和瘤胃发酵产生的酸 4.缓冲液可维持瘤胃中性pH,有利于细菌生长	1.长纤维颗粒层刺激反刍 2.滞留在瘤胃内的大饲料颗粒需要进一步反刍 3.细菌降解饲料中的碳水化合物和蛋白质 4.细菌发酵后产生的终产物是挥发性脂肪酸 5.瘤胃发酵使细菌生长,细菌是优质蛋白 6.吸收的挥发性脂肪酸是奶牛的主要能量来源 7.嗳出发酵后产生的气体(每天500~1 000升)	1.吸收水、挥发性脂肪酸和矿物质 2.将长颗粒饲料包在叶片状结构内	1.分泌盐酸和消化酶 2.消化未在瘤胃内被消化的碳水化合物及蛋白质 3.消化瘤胃提供的细菌蛋白(每天1~2.5千克)	1.分泌消化酶 2.接收胰腺和肝脏来的、与消化功能有关的分泌物 3.酶消化:蛋白质、碳水化合物、脂类 4.吸收:水、矿物质、氨基酸、葡萄糖	1.细菌发酵未被吸收的消化物 2.重吸收水和形成粪便

图7-9　成母牛消化道的生理特点与功能

总体而言,成年母牛的饲养特点是:

◆ 身体发育趋于成熟,一、二胎牛自身仍有一定生长,三胎以上奶牛体重、体形生长基本停止,产犊、产奶交替进行。

◆ 维持需要基本固定,产奶、繁殖需要随生产周期而不断变化,要求日粮结构和营养水平随之改变。

◆ 奶牛干物质采食量大增，瘤胃功能高度发达，但受内外环境影响，以及频繁产犊和持续高产的压力，奶牛身体机能相对脆弱，患各种疾病的概率增大。如饲料突然改变，能量蛋白缺乏，精粗饲料比例、能氮比例、矿物质微量元素和维生素平衡失调等，或者牛床、运动场不舒适，卫生环境差，高温炎热，大风严寒等，均会严重影响奶牛的健康和产奶量。

成母牛饲养

成母牛饲养的原理是基于动物营养供求的平衡(图7-10)。

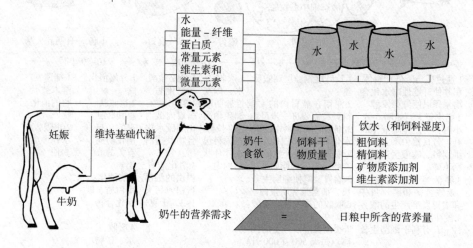

图7-10 奶牛的营养需求与营养供给要平衡

在各种营养供应中，不仅要考虑各种营养素供应的合理数量（既不能不足，也不能过量），而且还要考虑各种营养之间的平衡，如干物质营养浓度与奶牛采食量之间，能量与蛋白之间，能量与纤维供应之间，饲料氨基酸之间、钙磷之间、微量元素之间都要有一个合适的比例。只有在供给营养平衡日粮的情况下，才能保持奶牛长久的健康，也才能发挥其最大的遗传潜力和最佳的生产性能（图7-11），否则，将会给奶牛生产带来一定的损

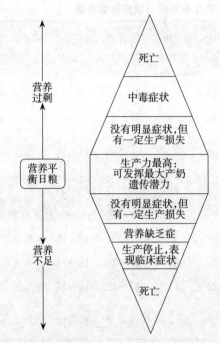

图 7-11　奶牛营养对奶牛生产潜力及健康的影响

失，甚至是致命的打击。

▶ 成母牛饲养阶段要点

对于一个规模化的奶牛群而言，处于不同泌乳阶段的成年母牛其生产性能、繁殖生理和体质状况都不相同，因此在营养需要、日粮结构和饲养管理方法上都是不一样的。所以，无论大型奶牛养殖场还是奶牛养殖小区（大户）要想提高饲养效益，都必须分群饲养管理。

（1）泌乳牛

［营养需要］泌乳牛各阶段日粮营养需要见表 7-10。

［日粮要求］

①围产后期奶牛：

◆ 分娩后喂给 30~40℃麸皮盐水（麸皮约 1 千克，盐约 100 克，水约 10 千克）或红糖 300 克、益母草 500 克。

表 7-10　泌乳牛各阶段日粮营养需要表

阶段划分	产奶天数或日产奶量	干物质占体重(%)	干物质(千克)	能量单位(NND)	粗纤维(%)	粗蛋白(%)	钙(%)	磷(%)
围产后期	0~6 天	2.0~2.5	12~15	20~25	12~15	12~14	0.6~0.8	0.4~0.5
	7~15 天	2.5~3.0	13~16	25~30	13~16	14~17	0.6~0.8	0.5~0.6
泌乳盛期	20 千克	2.5~3.5	16~20	40~41	18~20	12~14	0.7~0.8	0.4~0.5
	30 千克	3.5 以上	19~21	43~44	18~20	14~16	0.8~0.9	0.5~0.6
	40 千克	3.5 以上	21~23	48~52	18~20	16~20	0.9~1.0	0.6~0.7
泌乳中期	15 千克	2.5~3.0	16~20	30	17~20	10~12	0.7	0.55
	20 千克	2.5~3.5	16~22	34	17~20	12~14	0.8	0.60
	30 千克	3.0~3.5	20~22	43	17~20	12~15	0.8	0.60
泌乳后期		2.5~3.0	17~20	30~35	18~20	13~14	0.7~0.9	0.5~0.6

◆ 分娩 1~3 天日精料量可达到 4 千克左右，青饲料、青贮 10~15 千克、干草 2~3 千克。可适当喂给块根或糟渣。

◆ 分娩 4 天后根据母牛的食欲状况逐步增加精料、多汁料、青贮和干草的给量。精料每日增加 0.5~1 千克，至产后第 7 天达到泌乳牛日粮给料标准（含每头牛日补优质蛋白 200~300 克）。

②泌乳盛期牛：

◆ 精料给量标准　日产奶 20 千克喂给 7.0~8.5 千克；日产奶 30 千克喂给 8.5~10.0 千克；日产奶 40 千克喂给 10.0~12.0 千克。

◆ 粗饲料给量标准　青贮 20~25 千克，干草 4 千克以上，糟渣类 12 千克以下，多汁类饲料 3~5 千克。日产奶40 千克以上应注意补给维生素及其他微量元素。

◆ 泌乳精粗饲料比在 65：35 至 70：30 范围的持续时间不得超过 30 天。

③泌乳中期牛：在此期间牛只体况已恢复到中等水平，每头每日应有 0.25~0.50 千克的增重。日粮要求如下：

◆ 精料给量标准　日产奶 15 千克喂给 6.0~7.0 千克，日产奶 20 千克喂给 6.5~7.5 千克，日产奶 30 千克喂给 7.0~8.0 千克或以下。

◆ 粗饲料给量标准　青饲、青贮每头每日喂量 15~20 千克，干草 4 千克以上，糟渣类饲料 10~12 千克，多汁类饲料 5 千克。

◆ 在此期间月平均产奶量递减应控制在 7% 左右。

④泌乳后期牛：在此期间，牛只体况仍需继续恢复，直至达到中上等水平，同时胎儿生长加快，每头每日应有 0.5~0.7 千克的增重。日粮要求如下：

◆ 精料给量标准　每头每日喂量 6.0~7.5 千克。

◆ 粗饲料给量标准　青贮每头每日喂量不低于 20 千克，干草 4~5 千克，糟渣类、多汁类饲料不超过 12 千克。

（2）干奶牛（包括围产前期牛）

[营养需要] 干奶牛日粮营养需要见表 7-11。

表 7-11　干奶牛日粮营养需要

阶段划分	干物质占体重（%）	干物质（千克）	能量单位（NND）	粗纤维（%）	粗蛋白（%）	钙（%）	磷（%）
干奶前期	2.0~2.5	14~16	19~24	16~19	8~10	0.6	0.6
干奶后期	2.0~2.5	14~16	21~26	15~18	9~11	0.3	0.3

[日粮要求]

◆ 精料给量标准　每头每日喂量 3~4 千克（高产牛

喂到 6 千克)。

◆ 粗饲料给量标准 青饲料、青贮每头每日喂量 10~15 千克,优质干草 3~5 千克,糟渣类、多汁类饲料不超过 5 千克。

◆ 围产前期需增加日粮浓度,降低钙的给量,以适应产后需要。

▶ 成母牛饲喂方法

由于成母牛实行了分群分阶段饲养,加之智能化饲喂设施的不断革新,使饲喂方式实现了革命性的变化。当前,成母牛普遍实行了全混合日粮(TMR)饲喂。

(1) TMR 搅拌及饲喂设备 当前,市场上有不同形式和规格的 TMR 搅拌及饲喂设备(图 7-12)。

图 7-12 TMR 搅拌饲喂设备

（2）制作好的 TMR 饲料　外观上精粗饲料及各种添加剂混合均匀，营养上符合奶牛饲养标准和各阶段奶牛的营养需要（图 7-13）。

对此，各奶牛场都有严格的制作工艺和监管体系，以确保成母牛健康和产奶潜力的最好发挥。

搅拌效果极好的 TMR 日粮

图 7-13　制作良好的 TMR 饲料

八、奶牛管理

目标
- 了解奶牛饲养管理的技术范畴
- 掌握基本的奶牛管理方法

奶牛的胃肠消化系统极其复杂，采食量大，乳腺泌乳机能旺盛，产奶量高，已经成为人类生产牛奶的专门机器。正因如此，奶牛也被公认为是家养动物中养殖技术含量最高，经济效益最大也最难饲养的。成年奶牛必须在多胎次连续配种、妊娠、产犊、产奶、干奶、产犊……的周期性繁重劳动中终其一生。对养奶牛者而言，奶牛的管理头绪繁杂，任务繁重。围绕奶牛群生产活动和技术的管理主要有以下几个方面：

◆ 奶牛分群饲养管理；
◆ 奶牛技术资料的建立与管理；
◆ 奶牛饲草、饲料管理；
◆ 奶牛产奶管理；
◆ 奶牛干奶管理；
◆ 奶牛给水管理。

1. 奶牛分群饲养管理

▶ 分群饲养管理实例

对于一个规模化奶牛群而言，不同年龄的后备母牛及不同泌乳阶段的成年母牛其生长发育、生产性能、体质状况都是不同的，因此奶牛养殖场和奶牛养殖小区（大户）应对奶牛实行分群饲养管理。

一个建成的规模化奶牛场应具有合理的牛群结构（表8-1），这有利于奶牛分群和资源匹配。

表 8-1　规模化奶牛场合理的牛群结构

牛舍分类	牛群分类	百分比（%）	牛场规模（奶牛头数）	
	牛群总头数	100	500	1 000
成母牛舍	成母牛	60	300	600
	泌乳牛	48	240	480
干奶牛舍	干奶牛	12	60	120
青年牛舍	青年牛（19月龄至初产）	9.6	48	96
育成牛舍	育成牛（7～18月龄）	17.2	86	172
犊 牛 栏	犊牛（0～5月龄）	13.2	66	132

以500头混合群规模为例，成年母牛占全群60%计，全群奶牛的周转计划见图8-1。

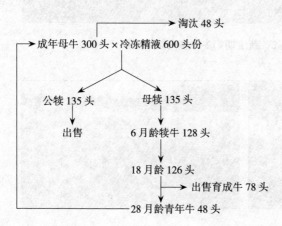

图 8-1　混合群 500 头（成年母牛 300 头）奶牛的牛群周转计划

从以上数据可见，建议每群牛年龄差距最大不超过5个月，每群头数在50头左右为宜。对围产期奶牛，产房中牛床的位数按成母牛的10%设置，即300头成母牛规模时，产房的床位为30个、产床1~2个。犊牛按2~3月龄断奶，则犊牛栏数为22~32个。成年泌乳牛的群体大小要和牛舍中牛槽长度、牛床多少、运动场面积、挤奶厅挤奶位数相匹配。

图8-2至图8-8分别是犊牛、小育成牛、大育成牛、青年牛和成年泌乳牛和围产期母牛分群饲养的实例。

图8-2　新生期奶牛（室内犊牛栏）

图8-3　哺乳期犊牛群（大棚式犊牛舍或室外犊牛岛）

图 8-4　小育成牛群（转群称重及群体散栏饲养）

图 8-5　大育成牛群（自由卧栏）

图 8-6　青年奶牛群（自由卧栏）

图 8-7　成年泌乳牛群（TMR 饲喂
走廊 + 自由卧栏）

图 8-8　围产牛群（专门产房）

▶ 分群饲养管理要点

　　奶牛各阶段的生理特点和生产任务不同，所以管理的内容和技术要点也各有侧重，见表 8-2。

表 8-2　不同时期奶牛管理工作及技术要点

阶　段	管理工作内容	具体时间与方法
新生期	■ 环境消毒、通风与保温 ■ 观察奶牛分娩过程，自然顺产或助产 ■ 清理初生犊牛口鼻黏液 ■ 断脐及消毒 ■ 让母牛舔干或人工擦干犊牛身体 ■ 称重与记录 ■ 饲喂初乳 ■ 牛只编号与系谱登记 ■ 牛只标记 ■ 单栏饲养管理	经常保持卫生与通风干燥 分娩全过程，按照奶牛分娩及助产 按操作规范进行 自然或人工扯断，碘酒消毒 干净毛巾或消毒纸巾 小型磅秤，卡片 奶瓶或奶桶，母乳喂养 国家统一编号和系谱卡片 佩戴耳标或电子标记 室内犊牛栏
哺乳期	■ 确定培育目标，进行早期断奶 ■ 喂奶 ■ 精料（代乳料）采食训练 ■ 去角 ■ 切除副乳头 ■ 单独饲养管理 ■ 必要的免疫接种	哺乳期一开始就制订 整个哺乳期，奶瓶或奶桶 出生 7 天以后 产后 1 周，火碱棒法 产后 1 周龄，剪除法 整个哺乳期，室外犊牛栏 按防疫要求做
断奶后时期	■ 称重与评估 ■ 合群饲养 ■ 干草、青贮采食训练	按断奶要求评定体重 按年龄和体型大小分群 断奶后开始
育成牛阶段（6 月龄至配种）	■ 分群饲养 ■ 称重与日增重评估 ■ 测量体尺与评估 ■ 加强营养，加速生长 ■ 发情观察 ■ 做好繁殖器官检查，做好配种准备 ■ 适时配种 ■ 体况评定	按年龄大小，不超过 3 月龄 转群时进行，以后每月监控 转群时进行，以后每月监控 整个时期 12 月龄前后，每月观察 14～16 月龄时 按后备牛配种标准进行 每月一次，防止过肥或过瘦
青年牛妊娠期	■ 单独分群饲养 ■ 保证营养质量，防止流产死胎 ■ 做好妊娠复检 ■ 控制营养水平，防止胎儿过大引起难产 ■ 计算好预产期，做好产前准备 ■ 保证奶牛健康，防止产前过肥	可分妊娠前、后两个阶段 妊娠前期 配种后 2～3 个月 妊娠后期 妊娠第 9 个月时 每 3 个月做一次体况评定

（续）

阶　段	管理工作内容	具体时间与方法
围产期	■ 奶牛转入产房，做好分娩准备工作 ■ 调整营养水平，适应奶牛分娩 ■ 观察母牛临产征兆，做好产犊准备 ■ 做好奶牛接产与产后护理 ■ 奶牛开始挤奶，挤奶量由少到多 ■ 观察母牛产后精神及疾病状况	产前2周 产前2周以内，引导饲养法 临产前1～2天 分娩前后 3天以内，手工或机器挤奶 围产后期
泌乳盛期	■ 转入高产牛群饲养，检测产奶情况 ■ 合理配制 TMR 日粮，夺取高产 ■ 观察奶牛产道恢复情况，适时配种 ■ 防止能量负平衡引起过瘦 ■ 检测乳腺炎 ■ 检测酮病	生产性能测定或在线检测 挑战饲养法 产后随时观察，90天内配种 每月一次体况评定 整个时期，体细胞数检测 产后2～6周
泌乳中期	■ 转入中产牛群，做好妊娠检查 ■ 调整营养水平，防止奶量下降过快 ■ 做好乳房保健，防止乳房炎 ■ 搞好奶牛福利，做好奶牛保胎	妊娠检查的各种方法 生产性能测定或在线检测 体细胞数检测 整个时期
泌乳后期	■ 转入低产牛群，做好奶牛保胎 ■ 调整营养水平，促使体况恢复 ■ 做好乳房保健，加强乳房炎检测 ■ 产奶末期，做好干奶准备	整个时期 泌乳后期 体细胞数检测 快速或两步干奶法
干奶期	■ 转入干奶牛群，做好保胎工作 ■ 调整营养水平，维持体况正常 ■ 做好乳房保健，加强乳房炎检测	整个时期 体况评定 挤奶规范，奶厅卫生

2. 奶牛技术资料的建立与管理

奶牛技术资料库的建立

人们可能会有一种误解，认为奶牛实行散栏饲养和分阶段群体管理后，很难像拴系式饲养那样进行定位管理，因此是一种粗放的管理。但是随着智能化信息技术（自动识别技术、GPS 技术、数据库存储技术、无线网络传输技术、奶牛专家管理系统等）、生物样品自动采集分析技术（生物传感器技术、生产性能分析技术、TMR 自动配料技术、智能化挤奶系统和牛奶在线分析技术等），以及各类纸质记录、文件在奶牛场管理中的应用，已经将奶牛管理推向信息化、精细化和标准化管理的新时代。许多奶农和奶牛小区管理者观念落后，在奶牛管理中不重视奶牛技术资料档案的建立和应用，这是错误的。实际上，奶牛场各种资料档案建立的越全面、越具体，人们对奶牛的信息了解就会越详细、越准确，其技术管理的水平就越高，只有这样才能保证牛群持续健康高产，奶牛场才能盈得更大利润。

奶牛生产档案包括牛只系谱档案和各种生产报表记录。牛只系谱档案包括牛号、出生日、来源、去向、图纹、谱系、生长发育记录、外貌评定成绩、繁殖记录、生产记录与疾病情况记录等，它是了解每一头奶牛全部资料的唯一来源。一般要求牧场使用卡片档案和电子档案两种形式，逐步向电子档案过渡，但要注意备份。牛场生产档案包括的范围更广，包括牛群结构组成，分群周转情况，牛群繁殖记录，牛群防疫及疾病治疗记录，DHI 测定结果，奶牛场饲草饲料进销存记录，奶牛场精液、兽药及其他投入品进销存记录等。这些情况均应纳入奶牛群管理工作计划，制订相应管理目标，合理分解管理任务，实时监督管理过程，定期分析管理效果，不断改进管理方法。

3. 奶牛饲草、饲料管理

饲草、饲料是奶牛赖以健康生活和生产牛奶的基础（图 8-9）。

饲草、饲料经过奶牛瘤胃代谢，其中可利用的营养用于奶牛维持、产奶和繁殖的需要，不可利用的部分则

图 8-9　奶牛饲草饲料代谢体系

以粪尿的形式排出体外。

　　根据奶牛阶段饲养的要求，应当为奶牛储备不同种类的饲草、饲料，见图 8-10。

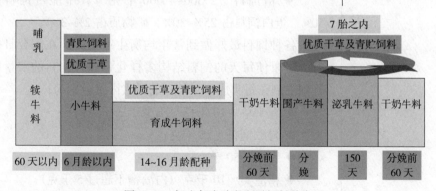

图 8-10　奶牛每个阶段所需饲料种类

　　饲草、饲料应当产业化生产，它们是奶牛场的两条主要生产线，见图 8-11。

　　对一个现代规模化奶牛场而言，饲草、饲料量的储备要基本上符合《高产奶牛饲养管理规范》的要求，一

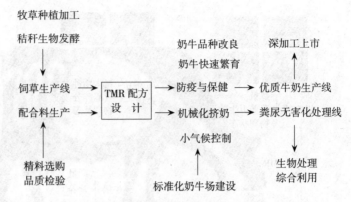

图 8-11 奶牛场管理主要生产线

头高产奶牛全年应储备的饲草、饲料量为：

◆ 青干草　1 100~1 850 千克（豆科干草与禾本科干草之比为 1∶3）；

◆ 玉米青贮　10 000~12 500 千克；

◆ 块根、块茎及瓜果类　1 500~2 000 千克；

◆ 糟渣类　2 000~3 000 千克；

◆ 精饲料　2 300~4 000 千克（其中能量饲料占50%，蛋白饲料占25%~30%，矿物质占2%~3%）。

各种饲料最好做到常年均衡生产供应。在配合日粮时，尽量使每天的饲料结构多样化，各种饲料的喂量应受到限制，每头成年牛每日的最大限量分别为：

◆ 青干草　10 千克（不少于 3 千克）；

◆ 青贮饲料　25 千克；

◆ 青草　50 千克；

◆ 糟渣类　10 千克（白酒糟不超过 5 千克）；

◆ 块根、块茎及瓜果类　10 千克；

◆ 玉米、大麦、燕麦及豆饼　各不超过 4 千克；

◆ 小麦麸　3 千克；

◆ 豆类籽实　1 千克。

各种饲料应符合国家有关质量检验和卫生标准，严格控制霉菌、细菌、病毒、粪便污染，防止重金属超标，严禁违规添加兽药、化工品等，避免奶牛发生各类饲料中毒现象。

4. 奶牛产奶管理

▶ 奶牛产奶的营养调控

奶牛产奶的营养调控是多方面、多层次的(图 8-12)。

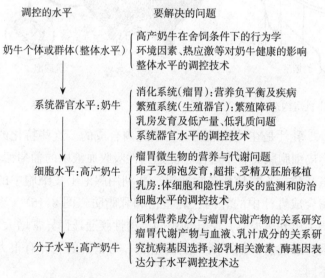

调控的水平　　　　要解决的问题

奶牛个体或群体(整体水平)
- 高产奶牛在舍饲条件下的行为学
- 环境因素、热应激等对奶牛健康的影响
- 整体水平的调控技术

系统器官水平:奶牛
- 消化系统(瘤胃):营养负平衡及疾病
- 繁殖系统(生殖器官):繁殖障碍
- 乳房发育及低产量、低乳质问题
- 系统器官水平的调控技术

细胞水平:高产奶牛
- 瘤胃微生物的营养与代谢问题
- 卵子及卵泡发育,超排、受精及胚胎移植
- 乳房:体细胞和隐性乳房炎的监测和防治
- 细胞水平的调控技术

分子水平:高产奶牛
- 饲料营养成分与瘤胃代谢产物的关系研究
- 瘤胃代谢产物与血液、乳汁成分的关系研究抗病基因选择,泌乳相关激素、酶基因表达分子水平调控技术达

图 8-12　奶牛营养调控的层次与水平

目前，国际上这方面的研究已经很深入，而国内能够直接或实际应用的技术和产品依然很少，需要进一步学习和探索。

▶ 奶牛泌乳生理

奶牛的乳房是皮肤腺的衍生物，位于两后肢之间、腹壁之下的部分。分前后左右四个乳区，由中悬韧带和隔膜分开，各乳区相互独立，自成系统，每个乳区有一个乳头与外界相连（图 8-13）。

乳腺系统由乳腺泡、乳腺导管、腺乳池、乳导管、乳头池和乳头管组成。腺泡由双层柱状上皮细胞构成，以 8~120 个成簇分布，乳腺上还有许多神经、血管、隔膜等结缔组织（图 8-14）。

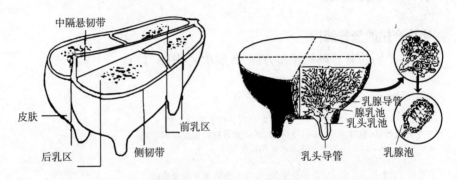

图 8-13　奶牛乳房构造　　　　图 8-14　奶牛乳腺内部构造

乳汁是在乳腺泡的上皮细胞内合成的。这些特化的上皮细胞膜具有半透性，能选择性吸收血液中的葡萄糖、氨基酸、乙酸盐和矿物质等，并利用腺泡上皮细胞中的酶合成乳汁中的乳糖、乳蛋白和乳脂肪（图 8-15）。当奶牛患乳房炎时，泌乳细胞的半透性膜通透性异常增大，因而患乳房炎奶牛所产奶的组成，与正常的乳汁有很大不同。

高产奶牛乳腺的负担是极其繁重的，奶牛每生产 1 千克牛奶大约需要 500 升血液流经乳房。在泌乳期间，乳的分泌是持续不断的。刚挤完乳时，乳的分泌速度最快，随着乳房充满乳汁，在压力感受器抑制下泌乳速度逐渐降低，下次挤奶前降至最低。如果不及时挤奶，乳房充胀，内压增高，乳的分泌就会减慢或停止，牛乳的成分也会被血液带走，所以每天应及时挤奶。

挤奶的基础是奶牛的排乳反射（图 8-16），挤奶前工人赶牛的吆喝声，待挤区内乳牛之间的相互触碰，挤

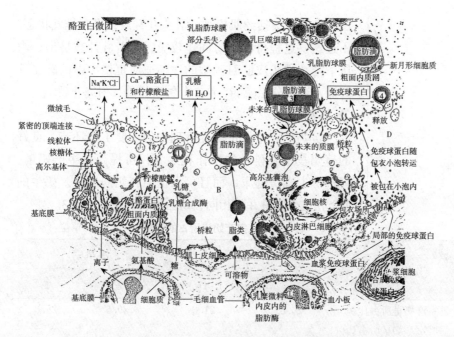

图 8-15　奶牛乳腺细胞的选择性吸收与乳汁合成

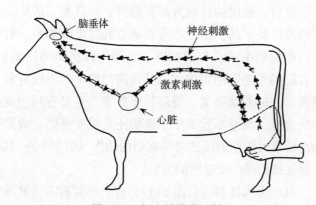

图 8-16　奶牛的排乳反射

奶厅内有节奏的挤奶声，挤奶员对奶牛乳房的冲洗与按摩，都会作为刺激传入奶牛的神经中枢，中枢神经末梢释放神经递质，促使下丘脑和垂体分泌促乳激素和催产素，这些激素随血流迅速到达乳房和乳头，致使乳房内压升高，乳头括约肌松弛，乳头孔开放，进入排乳状态。不过这一过程持续的时间比较短，随着乳汁被挤出，内压下降，乳头皮肤对刺激的逐渐适应也使中枢的感受性降低，激素分泌减弱，4~8分钟后排乳反射终止。

▶ 挤奶技术

挤奶是成年母牛饲养管理中的重要工作环节，良好的挤奶技术和科学的操作程序不仅可提高母牛产奶量，促进母牛乳房健康，而且可保证原料奶的质量。奶牛的4个乳室产奶量并不相同，所占的百分比见表8-3。

表8-3　奶牛4个乳室产奶量所占的比例　　　　　　　单位：%

项　　目	前乳室		后乳室	
	左	右	左	右
每个乳室产奶量所占比例	20.6	21.0	29.6	28.8
前、后乳室产奶量所占比例	41.6		58.4	
左、右乳室产奶量所占比例	左 50.2		右 49.8	

目前，通用的挤奶方法有两种：一是手工挤奶，二是机器挤奶。前者用于产房或患有乳房炎的奶牛，有利于对产后奶牛或病牛的护理，也用于即将干奶的奶牛。后者则用于泌乳期奶牛，尤其是高产奶牛，不仅有利于降低工人的劳动强度，提高挤奶效率，而且有利于提高牛奶质量。但是不管是手工挤奶还是机器挤奶，最重要的是要最大限度地模仿犊牛吃奶的动作（仿生学），其次是保证挤奶操作全过程的卫生。

（1）**手工挤奶**　见图8-17，有三个要素需要熟练掌握：手法、握力和挤奶频率。

手工挤奶程序：

准备工作→挤奶→药浴→清洗用具。

①准备工作：挤奶前，要将所有的用具和设备洗净、消毒，并集中在一起备用。挤奶员要剪短并磨圆指甲，

图8-17　手工挤奶

穿戴好工作服，用肥皂洗净双手，用温水将奶牛后躯、腹部清洗干净。准备好挤奶桶、滤奶杯、乳房炎诊断盘和诊断试剂、药浴杯、干净的毛巾、盛有50℃温水的水桶等。先用50℃的温水清洁奶牛乳房。用干净的湿毛巾依次擦洗乳头和乳房，再用干毛巾自下而上擦净乳房，要先擦乳头部位。随之立即按摩乳房，方法是用双手抱住左侧乳房，双手拇指放在乳房外侧，其余手指放在乳房中沟，自下而上和自上而下按摩2~3次，用同样方法按摩对侧乳房。然后，开始挤奶。

②挤奶：首先，检察奶牛是否患有乳房炎；要求将前一两把奶挤在黑色的布上或带有黑衬的平皿中，仔细观察有无絮状物或血色；或者用加州乳腺炎诊断液进行诊断。进行生产性能测定（DHI）的牛场可结合分析报告，通过察看个体奶牛的牛奶体细胞数来判断乳房健康状况。

手工挤奶采用的方法是拳握法（图8-18）。理想的手法是每只手的四指并拢，与大拇指相对握住奶牛乳头，然后松开。首先由大拇指和食指从乳头根部握住卡紧，防止乳头乳汁回流到乳房，然后中指、无名指和小指依次握紧，将乳汁挤入奶桶。两只手相互交替，如此反复，先挤净左侧两个乳区，再挤净右侧两个乳区。手工挤奶每头牛要在 7~8 分钟内挤完，每分钟挤 80~120 次，每次都必须有一定握力，因此是一项比较辛苦的工作。

正确的手法　　理想的手法　　不好的手法

图 8-18　拳握法挤奶

③药浴：挤完乳后立即用药液浸泡乳头。这样可以显著降低乳房炎的发病率。

④清洗用具：挤完乳后，应及时将所有用具洗净、消毒，置于干燥清洁处保存，以备下次使用。

（2）机器挤奶　由于手工挤奶费时费工，效率低下，且难以保证牛奶质量，因此，现在普遍推行了机器挤奶。

挤奶机有多种形式：各种形式的挤奶台、管道式挤奶机、可移动式挤奶车等（图 8-19 至图 8-22）。其中坑道鱼骨式挤奶台和坑道并列式挤奶台因安装灵活而适宜于各种规模化奶牛场和奶牛小区，比较流行。

机器挤奶程序：见图 8-23、图 8-24。

图 8-19　转盘式挤奶台

图 8-20　坑道鱼骨式挤奶台

图 8-21　坑道并列式挤奶台　　　　图 8-22　手推车式挤奶器

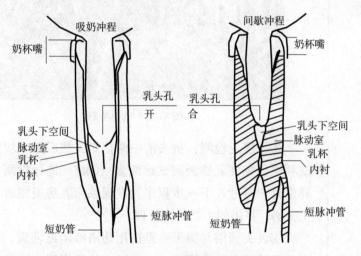

图 8-23　机器挤奶的工作原理

挤奶前检查机器 —→ 乳头清洗 —→ 乳房炎检测 —→ 乳头药浴
—→ 套奶杯 —→ 挤奶 —→ 卸杯 —→乳头药浴 —→ 清洗管道

图 8-24　机器挤奶操作程序

①挤奶前检查：开机首先检查挤奶机的真空度和脉冲频率是否符合要求，挤奶杯组是否干净卫生。一般挤奶机真空压力显示应该为46.7~50.7千帕,脉动频率60~80次/分钟，要求机器真空压力和脉动频率稳定后，方可挤奶。

②清洗乳头：待奶牛上厅入位固定后，用中置悬挂

式自来水喷嘴冲洗奶牛乳头和乳房底部（图8-25），注意现在一般不提倡大洗乳房。

图8-25　机器挤奶

③乳房炎检测：挤去前一两把奶，然后用一块黑布或利拉伐加洲乳腺炎测试诊断盒（CMT）进行检测，无异常时方可进入下一步程序。发现临床乳房炎则改用手工挤奶，挤出的牛奶另行处理。

④乳头药浴与擦干：迅速用药浴液消毒乳头，一般对正常的奶牛乳头药浴20~30秒，然后用温水清洗，再用一次性纸巾擦干。

⑤套杯与挤奶：擦干乳头后立即按正确方式套上挤奶杯开始挤奶。整个挤奶过程由机器自动完成。一般完成一次挤奶所需的时间为4~8分钟。在这个过程中，挤奶员应密切注意挤奶进程，及时发现并调整不合适的挤奶杯。

⑥卸杯与药浴：挤奶结束，应及时将奶杯取下，以免过挤诱发乳房炎。国际上已有几种智能化挤奶系统按照仿生原理设计为自动脱杯，如图8-25所示，以色列阿菲金系列挤奶机，即为智能化自动脱杯，工作极为方便。

卸杯或脱杯后，再次用药浴液药浴乳头，然后放牛。

⑦挤奶机的清洗：清洗挤奶设备的目的主要是有效控制细菌，去除残留在挤奶管道内的脂肪等物质，进行杀菌消毒。因此，挤奶设备应当于每次挤完奶后立刻进行清洗，清洗按 CIP 清洗①程序严格进行，奶牛场挤奶厅墙壁上一般都悬挂有机器挤奶操作规程和设备清洗规程（图 8-26）。

①CIP 清洗：就地化学清洗，就地清洗，原地无拆卸循环清洗，在线清洗系统。

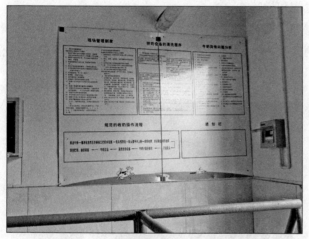

图 8-26　挤奶厅内的机器挤奶操作规程

CIP 清洗程序具体如下：

◆ 送奶　先用空气将管道中剩奶顶出（间断放气，时间不超过 5 分钟），放入桶内，并迅速倒入奶缸，防止牛奶被污染，细菌数上升。

◆ 预冲洗　先将奶杯组洗净再装入吸水盘，做不循环冲洗，水温控制在 35~45℃（水温太低，乳脂肪容易凝固附着于管壁；水温太高，乳蛋白容易变性沉淀），冲洗至水变清为止。

◆ 碱洗　预冲洗后立即进行碱洗，在 75~85℃的热水中加入碱性清洗液（500 克）循环清洗，时间为 8~15分钟，循环清洗后水温不能低于 40℃（碱液浓度 pH 为

11）。

◆ 冲洗　用 35~45℃温水做不循环冲洗，冲洗至水变清为止（或用 pH 试纸检测显中性为止）。

◆ 酸洗　水温在 35~45℃，加入酸液（500 克）做循环清洗，时间为 5~8 分钟（酸液浓度 pH 为 3）。

◆ 后冲洗　酸洗结束，再用 35~45℃温水做不循环冲洗，至冲洗后水变清为止，以尽量除去残留的酸液、微生物和异味。

（3）奶的贮存　现行机械化挤奶系统都配备专门贮奶的容器——制冷奶罐，容积从 1 吨至 5 吨不等，适合于不同规模的奶牛场（图 8-27）。

图 8-27　不锈钢贮奶罐

5. 奶牛干奶管理

▶ 奶牛干奶的必要性

奶牛连续产奶 305 天左右（约妊娠的最后 60 天），中低产奶牛会自动停奶，但高产奶牛可能需要采用人工的方法才能使其停止产奶。

从生产角度而言，实行干奶有利于胎儿的快速生长，为生产出健壮的犊牛做准备；有利于乳腺组织更新，为下一个产奶周期的高产打下基础；有利于母牛体质的恢复，使母牛体况在怀孕后期得以充分调整。干奶期的长短应视奶牛的年龄、体况和泌乳性能等具体情况而定。原则上，对头胎、年老体弱和高产牛以及产犊间隔较短的牛，要适当延长干奶期，但最长不宜超过 70 天，否则容易使奶牛过于肥胖。而对于体况良好、泌乳量低的奶牛，可以适当缩短干奶期，但最短不宜少于 45 天，否则乳腺组织没有足够的时间得到更新和修复。

奶牛干奶时管理的好坏在很大程度上会影响干奶期甚至产后奶牛的乳房健康。相比之下，奶牛在干奶前后比泌乳早期更容易发生乳腺炎，见图 8-28。

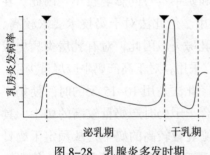

图 8-28　乳腺炎多发时期

这主要有以下原因：

◆ 停止挤奶，乳头管处的细菌不能被排除。

◆ 开始停止挤乳后，乳房压力增加，使乳头管扩大，细菌容易侵入。

◆ 由于干奶而停止了每天清洗和药浴乳头，乳房上的致病菌数量增加。

干奶前准备

乳房炎检查。干奶前是治疗乳房炎的最佳时期。因此，在预定干奶日的前 10~15 天对奶牛进行隐性乳房炎检查，对患有乳房炎的奶牛应在治愈后进行干奶。

干奶的方法

常用的干奶方法有两种：即快速干奶法和逐渐干奶法。

（1）快速干奶法　是在 4~7 天内干奶，适合于干奶时日产奶量低于 10 千克的奶牛。此法是在预定干奶日到来时，不论当时奶牛泌乳量高低，由有经验的挤奶员认真热敷按摩乳房后，采用手工挤奶将乳彻底挤净，挤完后，立即用酒精消毒乳头；然后，向每个乳区内注入一支含有长效抗生素的干奶药膏，再用 3%的次氯酸钠或其他消毒液药浴乳头；最后，用火棉胶涂抹于乳头孔处，封闭乳头孔，以减少乳房感染的机会。

快速干奶法充分利用乳腺内压增大抑制分泌的生理现象来完成干奶。此法由于直至干奶日才停止挤奶，可最大限度地发挥奶牛的泌乳潜力。同时，由于干奶所需时间短，对胎儿发育和奶牛本身的影响较小。因此，在生产中得到较广泛应用。但此法对干奶技术要求较高，而且容易导致奶牛患乳房炎。因此，对有乳房炎病史或正患乳房炎的奶牛不宜采用，对于高产奶牛应尽量少用。

(2) 逐渐干奶法　此法是用 10~15 天的时间使奶牛的泌乳活动停止，适合于干奶时产奶量较高的奶牛。具体操作方法是：对于泌乳量较高的奶牛，从预定干奶日前 15 天开始停止按摩乳房，逐渐减少精料喂量，停喂糟渣类、块根(茎)类和多汁类饲料，增加干草喂量。除夏天外，适当控制饮水量，改变挤奶次数和挤奶时间，先由每天三次挤奶改为每天两次挤奶，再改为每天一次挤奶，最后改为隔日一次挤奶，以抑制乳腺组织的分泌活动。当泌乳量降至 4~5 千克时，将乳房内的乳彻底挤净。之后的步骤与快速干奶法一样。

逐渐干奶法干奶所需时间较长，加上必须严格控制营养，不利于奶牛健康和胎儿发育。所以，在生产中较少采用。但对于有乳房炎病史、正患隐性乳房炎和过去干奶困难的高产奶牛特别适合。

不论采取哪种干奶方法，乳头一旦封口后即不能再触碰，即使洗刷也应防止触碰到。在实施干奶的 10 天内，每天应观察乳房 2~3 次，详细记录乳房的变化。最初几天乳房可能出现肿胀，这属于正常现象，千万不要按摩乳房或挤乳。如果乳房出现过分充胀、红肿、变硬或滴乳现象，说明干奶失败，应重新挤净乳，处理后进行再次干奶。

6. 奶牛给水管理

充足、清洁、优质的饮水对于奶牛健康和泌乳性能的重要性比饲料更为重要。良好的水质和饮水条件能提高泌乳量 5%~20%。

> **饮水质量**

奶牛的饮用水水质必须符合国家饮用水标准，衡量水质的常用指标有：

（1）感观 主要包括气味和滋味。奶牛的饮用水要求没有异味，口感较好。如果矿物质等含量过高，会导致水发涩、发苦，使奶牛饮水量下降。

（2）酸碱度 适宜饮用水的酸碱度（pH）应接近中性，或适当偏碱性，pH 变化幅度应在 6.5~8.5。

（3）可溶性盐 水中主要的可溶性盐为氯化钠，其次为钙、镁等盐酸盐或硫酸盐，对奶牛饮用水的总可溶性盐含量要求见表 8-4。

表 8-4 奶牛饮用水的总可溶性盐含量要求

总可溶性盐含量（毫克/升）	推 荐
<1 000	安全无健康问题
1 000~2 999	安全的，首次饮用可能引起奶牛轻微腹泻
3 000~4 999	首次饮用不适应，饮水量下降会引起泌乳量下降
5 000~7 000	妊娠和泌乳牛禁止饮用
>7 000	不能饮用

（4）有毒有害物质 水中重金属和硝酸盐的最高含量不能超过表 8-5 中的规定含量，大肠杆菌、沙门氏菌

等有害细菌不得检出。

表 8-5　饮用水中重金属和硝酸盐的推荐允许含量

项　目	推荐的限量（毫克/升）	项　目	推荐的限量（毫克/升）
铝	＜0.5	铅	＜0.015
砷	＜0.05	锰	＜0.05
硼	＜5.0	汞	＜0.01
镉	＜0.005	镍	＜0.25
铬	＜0.1	硒	＜0.05
钴	＜1.0	钒	＜0.1
铜	＜1.0	锌	＜5.0
氟	＜2.0	硝酸盐	＜44

　　奶牛的饮用水必须保持清洁，有条件的奶牛场最好采用自动饮水器。在运动场可设置保温饮水槽，供牛自由饮水，饮水器具及水槽应经常刷洗，并及时更换剩水，保持水的新鲜。饮用水的温度对奶牛也有很大的影响。水温过高或过低，都会影响奶牛的饮水量、饲料利用率和健康，饮用水温度的高低因季节不同而不同。夏季温度稍微低些，有利于奶牛散热，一般夏季饮水水温不超过 22℃，冬季水温不低于 12℃。

> **饮水量**

　　一般可从两个途径估测奶牛每天的饮水量。一是根据产奶情况：奶牛每产 1 千克奶，需要 1.5~5 千克的水。二是根据奶牛采食饲料的情况：奶牛每采食 1 千克饲料干物质，需饮水 3~5 千克。冬天取下限值，夏天取上限值。保证奶牛的饮水量是实现奶牛高产的必要条件。奶牛的饮水量见表 8-6。

> **饮水设备与给水途径**

　　饮水设备的设计和安装应以利于奶牛饮水为前提，成年奶牛每分钟饮水速度可以达到 20 千克左右，奶牛在饲料采食最快的一个小时内饮水量也最大，所以，应在奶牛饲槽附近安置供水装置。

表 8-6 奶牛饮水量估算

奶牛类型	年龄/条件	推荐的饮水量（升/天）
犊牛	1 月龄	5.9～9.1
	2 月龄	6.8～10.9
	3 月龄	9.5～12.7
	4 月龄	13.6～15.9
育成牛	5～15 月龄	17.3～20.9
	15～18 月龄	26.8～32.3
	18～24 月龄	33.2～43.6
干奶牛	怀孕 6～9 月龄	31.8～59.1
泌乳牛	产奶量 15 千克/天	81.8～100.0
	产奶量 25 千克/天	104.6～122.7
	产奶量 35 千克/天	136.4～163.7
	产奶量 45 千克/天	159.1～186.4

说明：①饲料中水分含量低时饮水量增大；
②奶牛在热应激条件下饮水量可能增大 1.2～2 倍。

（1）自动饮水器　见图 8-29 和图 8-30。常用在现代化规模奶牛舍，一次投资大，但水质有保障，浪费也少，容易保持牛床的干燥。必要时，可加装水温调节设备。

图 8-29　自动饮水碗

图 8-30　牛舍内自动饮水器的安装

（2）饮水槽　常用在散栏式饲养的自由牛栏两侧，以及奶牛运动场内，可以同时为多头奶牛提供饮水，目前常见且较实用的有保温饮水槽和翻转饮水槽。见图8-31和图8-32。

图8-31　保温饮水槽

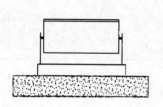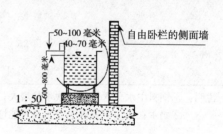

图8-32　可以翻转的饮水槽

九、牛舍卫生与奶牛保健

目标
- 了解奶牛场的牛舍卫生和制度
- 掌握奶牛防疫、保健技术

1. 牛场环境卫生

▶ 牛场门卫制度

严格的卫生制度是将外来疾病拒之门外的有效措施。

◆ 要充分认识防疫工作的重要性，场内工作人员和来场的业务人员及学习者不可忽视。

◆ 积极创造条件，使生产区和生活区分开。场门要设消毒室和消毒池，并经常保持药液有效消毒作用。

◆ 场区要有围墙和刺网等防疫设施。工作人员出入必须通过消毒室（池）消毒，同时要更换工作服等。

◆ 生产区不准饲养其他畜禽（含犬），不准将外购生肉及别的污染源的物品带入。

◆ 外来人员一律不准进入生产区，特殊情况必须进入者，需要经场长批准，但要严格消毒。

◆ 禁止外来车辆进入生产区，必须进入的车辆须经大门口设置的药液消毒池消毒。

◆ 购牛及参观者确需察看牛群时，可以观看录像，或在场外就近观看。

◆ 牛场职工每年进行一次体检，发现有人畜共患病者应暂时调离生产区。在未确诊已经痊愈时，不准进入生产区。

◆ 每年春秋两季各进行一次牛场内的大消毒，发现传染病时要采取紧急消毒措施，并严格禁止外来人员进入。

◆ 此规定应严格执行。凡违反上述制度的工作人员应当适当扣发工资和奖金，外来人员视情况可适当罚款。

▶ 牛场卫生制度

◆ 严格遵守门禁制度，防止疫情进入，确保奶牛健康无病。

◆ 场容要整洁，注意绿化、美化环境。

◆ 搞好牛舍内外环境卫生、消灭杂草、填平水坑，以防蚊、蝇滋生，每月喷洒消毒药液一次或在牛场外围设诱杀点。

◆ 场内要有符合卫生要求的水源。

◆ 要保持牛运动场平整、不积水，粪便要及时清除。

◆ 牛舍、牛体要经常保持清洁。

▶ 牛场绿化

因地制宜地植树造林、栽花种草可以起到美化场区环境、改善小气候、净化空气、防止尘埃和噪声、防火、利于防疫防污染的积极作用。

(1) 防护林 种植于场内四周，多以乔木为主，起到防风的作用。

(2) 路边绿化 夏季遮阳，防止道路被雨水冲刷，多以乔木为主。

(3) 场区隔离带 主要是分隔场内各区，如生产区、住宅区及管理区的四周，以起到隔离的作用。

(4) 遮阴林 运动场周围，房前屋后，注意不影响通风采光。

▶ 粪尿污水处理

（1）机械清除　当粪便与垫料混合或粪尿分离、呈半干状态时，常采用此法。清粪机械包括人力小推车、地上轨道车、牵引刮板、电动或机动铲车等。采用机械清粪时，为使粪与尿液及生产污水分离，通常在畜舍中设置污水排出系统，液形物经排水系统流入粪水池贮存，而固形物则借助人或机械直接用运载工具运至堆放场。这种排水系统一般由排尿沟、降口、地下排出管及粪水池组成。为便于尿水顺利流走，畜舍的地面应稍向排尿沟倾斜。

①排尿沟：用于接受畜舍地面流来的粪尿和污水，一般设在栏舍的后端，紧接除粪道，排尿沟必须不渗水，且能保证尿水顺利排出。排尿沟的形式一般为方形或半圆形，排尿沟要有1%~1.5%的坡度。

②降口：通称水漏，是排水沟与地下管道的衔接部位。为了防止粪草落入堵塞，上面应有铁网子，在降口下部，地下排出管口以下，应形成一个深入地下的伸延部，这个伸延部谓之沉淀井，用以使粪水中的固形物沉淀，防止管道堵截。

③地下排出管：用于将由降口流下来的尿及污水导入畜舍外的粪水池中。因此，要求粪水池有3%~5%的坡度。在寒冷地区，对地下排出管的舍外部分需采取防冻措施，以免管中污液冻结。如果地下排出管自畜舍外墙至粪水池的距离较长时，应在墙外设一检查井，以便在管道堵截时进行检查。

④粪水池：应设在舍外地势较低的地方，且应在运动场相反的一侧，距畜舍外墙不少于5米，须用不透水的材料做成，粪水池的容积和数量根据舍内家畜的种类、头数、舍饲期长短与粪水贮放时间来确定。粪水池如果长期不掏，则要求较大的容积，很不经济。故一般按贮存时间20~30天、容量20~30米^{3}来修建。粪水池一定要

远离饮水井，相距 100 米以外。

（2）水冲清除　水冲清除这种方法多在不使用垫草，采用漏缝地面时应用。其优点是省工省时、效率高。缺点是漏缝地面下不便消毒，不利于防病；土建工程复杂、投资大、用水多，粪水贮存、管理、处理工艺复杂，粪水的处理和利用困难，易造成环境污染。此外采用漏缝地面、水冲清粪易导致舍内空气湿度升高、地面卫生状况恶化，有时会出现恶臭、冷风倒灌现象，甚至造成各舍之间空气串通。由以下部分组成。

①漏缝地面：即在地上留很多缝隙。粪尿落到地面上，液体物从缝隙流入地面下的粪沟，固形的粪便被家畜踩入沟内，少量残粪用人工略加冲洗清理。漏缝地面比传统式清粪方式，可大大节省人工，提高劳动效率。漏缝地面可用各种材料制成。在国外，木制漏缝地面占 50%，混凝土制的占 32%，金属制的占 18%。但木制漏缝地面很不卫生，且易于破损，使用年限不长。金属制的漏缝地面易受腐蚀、生锈。混凝土制的经久耐用，便于清洗消毒，比较合适。也有用塑性漏缝地面的，它比金属制的漏缝地面抗腐蚀，且易清洗。

②粪沟：位于漏缝地板下方，其宽度不等，视漏缝地板的宽度而定，从 0.8 ~ 2 米，其深度为 0.7 ~ 0.8 米，倾向粪水池的坡度为 0.5% ~ 1%。

③粪水池：分地下式、半地下式和地上式三种形式。不管哪种形式都必须防止渗漏，以免污染地下水源。此外，实行水冲粪不仅必须用污水泵，同时还需用专用车运载。而一旦有传染病和寄生虫病发生，如此大量的粪水无害化处理将成为一个难题。许多国家环境保护法规定，畜牧场粪水未经无害化处理不允许任意排放或施用，而粪水处理费用很高。

2. 牛舍及牛体卫生

▶ 牛舍的卫生标准

见表 9-1。

表 9-1　牛舍卫生标准

项　目	标　　准
温　度	适宜温度 4～24℃，10～15℃ 最好，大牛 5～31℃，小牛 10～24℃
湿　度	适应范围 50%～90%，较适合 50%～70%，相对湿度不应高于 80%
气　流	冬季气流速度不应超过每秒 0.2 米
光　照	自然采光，夏季避免直射
灰　尘	来源于空气带入、刷拭牛体、养牛网清洁地面和拌动饲料等，微生物与灰尘含量有直接关系，尽量减少灰尘产生
噪　声	噪声超过 110～115 分贝时，生长速度下降 10%，不应超过 100 分贝
有害气体	氨不应超过 0.002 6%，一氧化碳不应超过 0.002 4%，二氧化碳不应超过 0.15%

▶ 牛舍卫生

◆ 及时清除牛舍内外、运动场上的粪便及其他污物，保证不积水、干燥。

◆ 奶牛舍中的空气含有氨气、硫化氢、二氧化碳等，如果浓度过大、作用时间长，会使牛体体质变差、抵抗力降低、发病率升高等。所以，牛舍应安装通风换气设备，及时排出污浊空气，不断更换新鲜空气。

◆ 每次奶牛下槽后，一定要刷洗干净饲槽、牛床。清除出去的粪便及时进行发酵处理。

◆ 牛舍内的尘埃和微生物主要来源于饲喂过程中的饲料分发、采食、活动、清洁卫生等，因此饲养员应做好日常工作。

◆ 种树、种草（花），改善场（区）小气候。绿化环境，还可以营造适宜温度（奶牛适宜的温度为 5~10℃）、湿度（奶牛适宜的相对湿度为 50%~70%）、气流（风）、光照（采光系数为 1∶12）等环境条件。夏季树木枝繁叶茂，可遮阳、吸热，使气温降低，提高相对湿度（图9-1、图 9-2）。

图 9-1　良好环境卫生　　　　图 9-2　绿化环境卫生

◆ 降低噪声　奶牛对突然而来的噪声最为敏感。当噪声达到 110~115 分贝时，奶牛的产奶量下降 10%~30%；同时会引起奶牛惊群、早产、流产等症状。所以奶牛场选择场址时应尽量选在无噪声或噪声较小的场所。

◆ 防暑防寒　夏季特别要搞好防暑降温工作，牛舍应安装换气扇，牛舍周围及运动场上，应种树遮阳或搭凉棚。夏季还应适当喂给青绿多汁饲料，增加饮水，同时消灭蚊、蝇。冬季牛舍注意防风，保持干燥。不能给牛饮冰碴水，水温最好保持在 12℃以上。

◆ 严格消毒制度　门口设消毒室(池)，室内装紫外灯，池内置 2%~3%氢氧化钠液或 0.2%~0.4%过氧乙酸等药液。同时，工作人员进入场区(生产区)必须更换衣服、鞋、帽。随身带有肉食品或患有传染病的人员不准进入场区。

▶ **牛体卫生**

（1）严格防疫、检疫和其他兽医卫生管理制度　对患有结核病、布鲁氏菌病等传染性疾病的奶牛，应及时隔离并尽快确诊，同时对病牛的分泌物、粪便、剩余饲料、褥草及剖检的病变部分等进行焚烧、深埋等无害化处理。另外，每年春、秋季各进行1次全牛群驱虫，对肝片吸虫病多发的地区，每年进行3次驱虫。

（2）刷拭　刷拭方法：饲养员先站在牛左侧用毛刷由牛颈部开始，从前向后、从上到下依次刷拭，中后躯刷完后再刷头部、四肢和尾部，然后再刷右侧，每次3~5分钟。刷拭宜在挤奶前30分钟进行，否则尘土飞扬会污染牛奶。刷下的牛毛应收集起来，以免牛舔食而影响牛的消化。有试验资料表明，经常刷拭牛体可提高产奶量3%~5%。

（3）修蹄　在舍饲条件下奶牛活动量小，蹄长得快，易引起肢蹄病或肢蹄患病引起关节炎，且奶牛长蹄易划破乳房，造成乳房损伤及其他疾病感染（特别是围产前后期）。因此，应经常保持蹄壁周围及蹄叉清洁无污物。修蹄一般在每年春、秋两季定期进行（图9-3）。

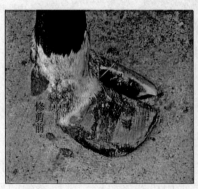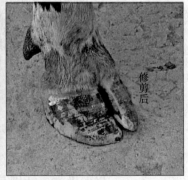

图9-3　奶牛修蹄前后

（4）铺垫褥草　牛床上应铺碎而柔软的褥草，如麦秸、稻草等，并每天进行铺换。为保持牛体卫生还应清洗乳房和牛体上的粪便污垢，夏天每天应进行一次水浴或淋浴。

（5）运动　奶牛每天必须保持 2~3 小时的自由活动或驱赶运动。

3. 奶牛乳腺及蹄部保健

▶ 奶牛乳腺保健

正常情况下，奶牛的乳腺内部尤其是乳头部位具有较为完备的防御机制（图 9-4），可以较好地防止乳腺炎的发生。这些防御机制受到严重损伤时，奶牛才有可能发生乳腺炎。

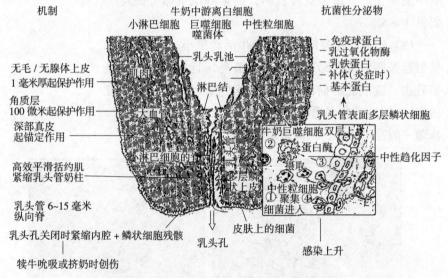

图 9-4　奶牛乳头的结构及其周围的防御机制

乳房炎是奶牛最常见的疾病之一，其造成的危害、损失极大。特别是采用机器挤奶后，乳房炎的问题尤为突出，有许多牧场因处置不当，被迫停用机器。控制乳房炎的唯一办法是预防为主，结合隐性乳房炎诊断加以综合控制。

（1）机器挤奶过程中预防乳腺炎的关键点

◆ 要求挤奶机真空压和脉动频率稳定，波动小，节拍要适当；要经常检修，维护挤奶机装置系统正常，尤其要注意奶杯的橡胶是否老化，要保持奶杯卫生，确保机器性能良好（图9-5）。

图9-5　真空泵压力和挤奶杯组检查

◆ 挤奶前要按照通用的加州乳房炎诊断方法认真检查牛奶，如发现乳房炎，则不能套上奶杯，一律用手挤，并积极进行治疗（图9-6）。

◆ 挤奶过程中，有两次药浴乳头，尤其是挤奶后乳头药浴不能忽视，这是预防乳腺炎的有效途径（图9-7）。

◆ 挤奶结束，要迅速摘掉乳杯，以免空挤，空挤很容易造成乳头损伤。

◆ 在挤奶之后，最好不要让奶牛立即躺卧，而应使其站立半小时以上（图9-8）。

◆ 挤奶接触过的用具、毛巾等，用后必须洗净、消毒，干燥后方可使用。

（2）干奶期保健　干奶期乳腺保健的目的是减少下

次产犊时乳房炎的发生，主要措施有：

◆ 在决定干奶时要完全挤空乳房内所有牛奶；

◆ 在干奶时要用导乳针向每个乳腺的乳池内注入抗生素，并用抗生素软膏封闭乳头管开口（图9-9）；

◆ 立即进行乳头药浴，使乳头药浴液自然干燥；

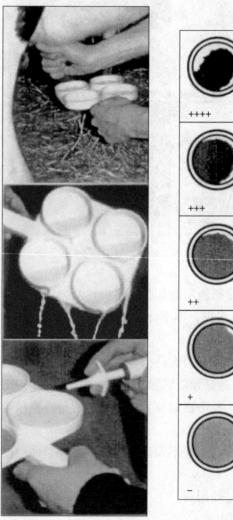
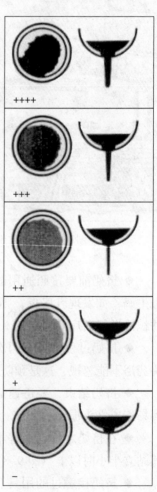

图9-6 奶牛乳房炎检测诊断

图9-7 奶牛乳头药浴

图9-8 奶牛挤奶后站立

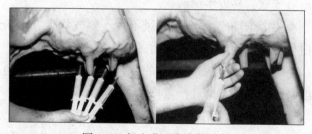

图9-9 奶牛乳池内注抗生素

◆ 一旦奶牛停奶，应饲养在干净、干燥的环境，并提供清洁、干燥的垫料。

▶ **奶牛蹄部保健**

（1）合理的日粮搭配 过多地给予精料可引起蹄病的发生（图9-10）。饲料的能量与蛋白比应为1∶5，钙、磷比为 1.4∶1，精、粗比不超过 60∶40。日粮中必须保证钙、磷、镁、钾、钠和硫等常量元素的需要量；保证铁、铜、锰、锌、钴、硒和碘等微量元素的需要量。必须保证奶牛维生素 A、维生素 D、维生素 E 和烟酸的供应。

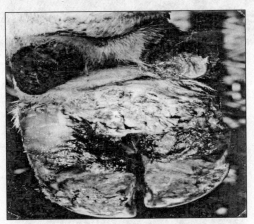

图 9-10　奶牛蹄炎

（2）良好的环境卫生　牛舍环境对牛蹄的影响很大：

◆ 夏、秋季节，牛舍内卫生条件差，污物浸渍牛蹄，蹄角质变软，易发生蹄病。

◆ 牛舍阴暗、潮湿、通风不良、氨气积聚，蹄角质蛋白易分解变性，成为死角质。

◆ 水泥地面和粪尿积存的牛栏，可促使软化的角质过度磨损，常引起蹄底严重挫伤。

建立健全卫生管理制度，保持牛舍清洁、干燥、通风。及时清除粪、尿和积水，保持运动场干燥、平坦，无砖、石、瓦块等物品。运动场地面应铺 5~8 厘米厚的细沙，这些对减少奶牛蹄病的发病率十分重要。有条件的牛场，牛舍可铺塑胶牛床。

（3）遗传因素　蹄病的遗传性已经越来越多地被人们重视。品种不同，蹄病易感染性也不同。荷兰荷斯坦奶牛发病最多，红白花奶牛次之，美国、加拿大荷斯坦奶牛发病最少。一些牛蹄性状具有一定的遗传性，如蹄踵过高、趾骨畸形和螺旋形趾是具有遗传性的。选择肢蹄性状好的公牛作为种公牛是育种工作者应优先考虑的事情，奶牛场通过淘汰有明显肢蹄缺陷，特别是蹄变形严重、经常发生跛行的奶牛及其后代，可明显改善牛群的肢蹄状况。

（4）定期修蹄　定期对奶牛进行修蹄是预防奶牛蹄病的有效措施。

①预防性修蹄：即指蹄形尚无异常、无跛行出现时进行的修蹄。经常性修蹄可减少蹄挫伤的发生和变形蹄的形成，减少跛行牛只。建立定期修蹄制度，每年于春、秋季节全群普查修蹄，或于干奶后集中修蹄。

②功能性修蹄：指蹄已发生变形或因蹄病而出现跛行，通过对蹄的切削修整使蹄形正常，跛行减轻以至消失，故又称"治疗性修蹄"。功能性修蹄可解除过度负重引起的蹄底挫伤。修蹄时可将患（指）趾削低，除去松脱的角质，削落角质边缘。凡因蹄病（真皮损伤）修整处治的病牛，应置于干净、干燥的圈舍内饲喂，保持蹄部的清洁，减少感染机会。

凡蹄底溃疡或蹄底化脓的蹄，修蹄后再用5%碘酊消毒，并用松馏油棉纱填塞蹄底部后打蹄绷带。也可给牛穿牛蹄靴。主要是使患蹄保持清洁，防止污染，促进病蹄修复。

4. 牛场防疫

▶ 牛场免疫程序

牛场应根据《中华人民共和国动物防疫法》及配套法规的要求，结合当地实际情况，有选择地进行疫病的预防接种工作，并注意选择适宜的疫苗、免疫程序和免疫方法，牛场免疫程序及疫苗使用见表9-2。

表9-2　牛的免疫程序

牛	接种日龄	疫苗名称	接种方法	免疫期及备注
犊牛	5	牛大肠杆菌灭活苗	肌内注射	
	80	气肿疽灭活苗	皮下注射	7个月
	120	2号炭疽芽孢苗	皮下注射	1年
	150	牛O型口蹄疫灭活苗	肌注注射	6个月，可能有反应
	180	气肿疽灭活苗	皮下注射	7个月
	200	布鲁氏菌病活疫苗（猪2号）	口服	2年，牛不得采用注射法
	240	牛巴氏杆菌病灭活苗	皮下或肌内注射	9个月，犊牛断奶前禁用
	270	牛、羊厌气菌氢氧化铝灭活苗	皮下或肌内注射	6个月，或用羊产气荚膜梭菌多价浓缩苗，可能有反应
	330	牛焦虫细胞苗	肌内注射	6个月，最好每年3月接种
成年牛	每年3月	牛O型口蹄疫灭活苗	肌内注射	6个月，可能有反应
		牛巴氏杆菌病灭活苗	皮下或肌内注射	9个月
		牛、羊厌气菌氢氧化铝灭活苗	皮下或肌内注射	6个月，或用羊产气荚膜梭菌多价浓缩苗，可能有反应
		气肿疽灭活苗	皮下注射	7个月
		牛焦虫细胞苗	肌内注射	6个月
		牛流行热灭活苗	肌内注射	6个月
	每年9月	牛O型口蹄疫灭活苗	肌内注射	6个月，可能有反应
		牛巴氏杆菌病灭活苗	皮下或肌内注射	9个月
		气肿疽灭活苗	皮下注射	7个月
		2号炭疽芽孢苗	皮下注射	1年
		牛、羊厌气菌氢氧化铝灭活苗	皮下或肌内注射	6个月，或用羊产气荚膜梭菌多价浓缩苗，可能有反应

（以上免疫程序供参考，具体免疫程序和计划应根椐本场实际情况制订）

▶ 牛场疫病处理

（1）控制与扑灭　牛场发生疫病或怀疑发生疫病时，应根据《中华人民共和国动物防疫法》及时采取如下措施：驻场兽医应及时进行诊断，并尽快向当地畜牧兽医管理部门报告疫情。确诊发生口蹄疫、牛瘟、牛传染性胸膜肺炎时，牛场应配合当地畜牧兽医管理部门，对牛群实施严格的隔离、扑杀措施；发生蓝舌病、牛出血病、结核病、布鲁氏菌病等疫病时，应对牛群实施清群和净化措施，扑杀阳性牛。

（2）病牛处理　对于非传染病或机械创伤引起的病牛只，应及时进行治疗。同时，定点进行无害化处理。牛场内发生传染病后，应及时隔离病牛，做无害化处理。病牛应采取不会将血液和浸出物散布的方法进行扑杀，病、死牛不得出售或转移。尸体应采用密闭的容器运输，进行强制焚烧。有治疗价值的牛应隔离饲养，由兽医进行诊断、治疗。

（3）废弃物处理　场区内应于生产区的下风处设贮粪池，粪便及其他污物应有序管理，每天应及时除去牛舍内及运动场的褥草、污物和粪便，并将粪便及污物运送到贮粪池。场内应设牛粪尿、褥草和污物等处理设施，废弃物遵循减量化、无害化和资源化原则进行处理。

5.疫病监测

▶ 监测方法

（1）血清学试验　利用抗原与抗体的特异性结合而进行检验、监测，方法如下：

◆ 病毒和毒素中和试验；

◆ 红细胞凝集或凝集抑制试验；

◆ 平板凝集试验；

◆ 溶菌或溶血试验；

◆ 补体结合试验；

◆ 免疫荧光试验；

◆ 酶联免疫吸附试验。

（2）**病原学试验**　方法见图 9-11。

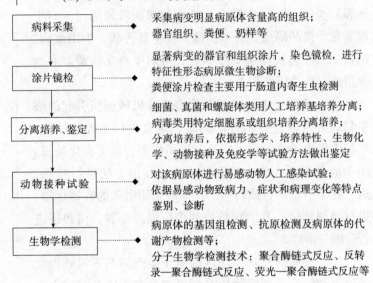

病料采集	采集病变明显病原体含量高的组织；器官组织、粪便、奶样等
涂片镜检	显著病变的器官和组织涂片，染色镜检，进行特征性形态病原微生物诊断；粪便涂片检查主要用于肠道内寄生虫检测
分离培养、鉴定	细菌、真菌和螺旋体类用人工培养基培养分离；病毒类用特定细胞系或组织培养分离培养；分离培养后，据据形态学、培养特性、生物化学、动物接种及免疫学等试验方法做出鉴定
动物接种试验	对该病原体进行易感动物人工感染试验；依据易感动物致病力、症状和病理变化等特点鉴别、诊断
生物学检测	病原体的基因组检测、抗原检测及病原体的代谢产物检测等；分子生物学检测技术：聚合酶链式反应、反转录—聚合酶链式反应、荧光—聚合酶链式反应等

图 9-11　病原学试验流程

（3）**病理学试验**　方法见图 9-12。

病料组织采样

固定

冲洗

脱水

包埋

切片

染色

镜检 ← 特征性病理学组织变化

得出诊断结论

图 9-12　病理学试验诊断流程

（4）**毒素的鉴定**　对怀疑中毒性疾病，应根据发病史、临床症状、病理变化和现场调查等，收集饲料原料、奶样、病牛血液、内脏和肠内容物等样品，送交有条件的实验室进行有关毒物的检测和鉴定等，做出确诊。

▶ 奶牛常见病监测

（1）结核病

◆ 监测频率

高发群①：每年检疫4次。

低发群②：每年检疫2次。

犊牛：3次

➤第一次，30日龄；

➤第二次，100～120日龄；

➤第三次，6月龄。

◆ 监测方法

➤临床诊断　渐进性消瘦，体表淋巴结肿大，咳嗽，肺部叩、听诊异常，慢性乳腺炎，顽固性下痢等症状；剖检可见特异性结核病变。

➤血清学诊断　有补体结合试验、血细胞凝集试验、吞噬指数测定等方法，实际意义不大，很少采用。

➤变态反应诊断③　是结核病检疫的主要方法（准确、便捷）。具体诊断方法见图9-13。

①从未进行过检疫或检出率在3%以上的牛群。

②经过定期检疫，检出率在3%以下的牛群。

③材料准备：提纯牛型菌类(PPD)、游标卡尺、注射器、牛鼻钳、8号针头若干、2%碘酊棉球、75%酒精棉球。

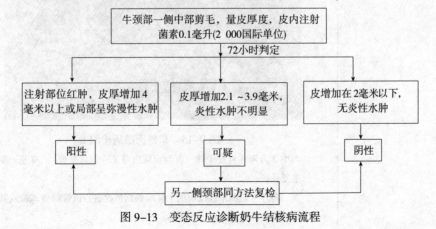

图9-13　变态反应诊断奶牛结核病流程

①是一种血清学试验，在洁净的玻璃板上取被检血清0.03毫升与抗原0.03毫升混合，4分钟内判定结果，凡出现"液体混浊，有少量可见的粒状物，即25%凝集"以上均为阳性。

（2）布鲁氏菌病

◆ 监测方法　虎红平板凝集试验①。

◆ 判定结果　见图9-14、图9-15。

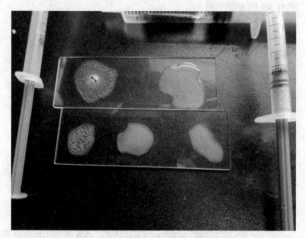

图9-14　布鲁氏菌病检测A

图中上排2个样品均为阳性，下排左1为阳性，左2、左3位阴性。

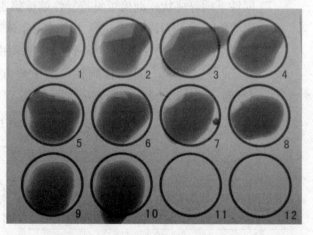

图9-15　布鲁氏菌病检测B

图中3为阳性可疑个体（混合滴周边可见沙粒状凝聚），需进一步重复验证。

　　备注：监测阳性反应的个体应根据情况进行试管凝集试验或其他辅助诊断试验，进一步确诊。

（3）口蹄疫

◆ 监测时间　免疫后第 21 天。

◆ 监测方法

亚洲 I 型→口蹄疫液相阻断 ELISA；

O 型→正向间接血凝试验、液相阻断 ELISA；

A 型→液相阻断 ELISA。

◆ 免疫效果判定　见表 9-3。

表 9-3　口蹄疫抗体免疫效果判定标准

亚型	判定标准
亚洲 I 型	液相阻断 ELISA 的抗体效价$\geqslant 2^6$ 判定为合格
O 型灭活苗	抗体正向间接血凝试验抗体效价$\geqslant 2^5$ 判定为合格 液相阻断 ELISA 抗体效价$\geqslant 2^6$ 判定为合格
A 型	液相阻断 ELISA 抗体效价$\geqslant 2^6$ 判定为合格
全群	存栏奶牛免疫抗体合格率$\geqslant 70\%$判定为合格

◆ 不合格措施　进行加强免疫 1 次。

(4)其他疫病　根据免疫疫苗的品种，进行相关抗体监测，抽测群体存栏数量的 20% 进行监测，合格率达到相应疫苗规定要求即可。如果达不到标准须进行加强免疫。

十、奶牛场选址与牛舍建设

目标
- 了解奶牛场场址选择
- 了解牛舍的种类
- 了解牛舍的布局情况

1. 奶牛场场址选择

牛场的选址应符合以下要求：

◆ 符合国家环保法规的要求，禁止在生活饮用水水源保护区、居民区选址。

◆ 符合动物防疫和无公害食品安全的要求，距城镇、学校、村庄、居民区及公路、铁路等主要交通道路500米以上。

◆ 牛场周围饲料资源丰富。

◆ 交通、供电方便。

▶ 地势

牛场地势应选择在高燥、背风向阳、地下水位2米以下，地面平坦并略有缓坡，以北高南低，坡度1%~3%较为理想，最大不超过25%。不能将牛场建在低洼或风口处，以免造成汛期排水及冬季防寒困难。

▶ 地形

为便于建筑布局和管理，节省建设投资，牛场的地形要开阔整齐，方形地形最为理想，避免狭长形和多边形。场地形状不整，建筑难以合理布局，增加了道路管线长度，不便于场内日常运输和生产联系。

▶ 水源

奶牛场每天的用水量很大，每头奶牛每天用水量约在 150 升。所以在奶牛场选址时，要选择在水源充足、水质良好、水源周围没有污染、取用方便的地方。

▶ 土质

土质以沙壤土最理想，沙土较适宜，黏土最不适宜。沙壤土土质松软，抗压性和透水性强，吸湿性、导热性小，毛细管作用弱。雨水、尿液不宜积聚，雨后没有硬结，有利于牛舍及运动场的清洁卫生与干燥，有利于防止牛蹄病及其他疾病的发生。

▶ 气象

要综合考虑当地的气象因素，如最高温度、最低温度、湿度、年降水量、主风向、风力等，以选择有利地势。

2. 奶牛场规划布局

奶牛场按照总体功能进行分区。一般包括 4 个功能区，即生活区、管理区、生产区和粪污处理区（图 10-1）。布局时应考虑地势、地形、风向、防疫、交通等因素，建立最佳生产联系和卫生防疫条件，合理安排布局各区的位置，力求总体紧凑，在满足当前生产需要的同时，考虑到未来改造和扩建的需要。

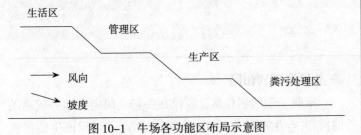

图 10-1　牛场各功能区布局示意图

奶牛场面积规划

奶牛场占地一般按每头奶牛 95～130 米²（表 10-1、表 10-2）计算。

表 10-1　600 头规模奶牛场建筑面积和占地面积

建筑分类	建筑名称	面积定额（米²）	建筑面积（米²）	建筑总面积（米²）
牛舍用房	成母牛舍	400 头×8	3 200	
	育成牛舍	60 头×7	420	
	青年牛舍	60 头×6.6	400	5 054
	犊牛舍	80 头×4.5	360	（8.4 米²/头）
	产犊舍	52 头×9.5	494	
	病牛舍	10 头×18	180	
辅助用房	挤奶厅		250	
	饲料车间		250	
	兽医室		80	
	车库	16 个牛位	100	950
	冷冻机房	（另有青贮窖 580）	60	（1.6 米²/头）
	锅炉房		100	
	变配电室		40	
	维修车间		70	
其他用房	办公室		100	
	食堂		200	700
	宿舍		300	（1 米²/头）
	厕所、浴室		100	
场地面积	100 米²/头×600 头＝60 000 米²（总建筑面积 6 704 米²）			

表 10-2　意大利奶牛场建筑面积和场地面积　　　　单位：米²

成母牛数	400 头	800 头	1 220 头	2 440 头
占地面积	27 800	42 393	55 400	101 300
头均占地面积	70	53	45	42
牛舍面积	3 315	3 925	6 989	13 980
辅助建筑面积	1 531	3 725	6 100	14 760
道路和场地	4 736	6 340	7 340	13 880

生活区规划布局

指职工生活居住区。应设在牛场上风向和地势较高的地段，并与生产区保持 100 米以上距离。以保证生活区良好的卫生环境。

▶ 管理区规划布局

包括与经营管理、产品销售有关的建筑物，如办公室、食堂等。管理区要安排在生产区的上风向，靠近牛场大门，并要和生产区严格分开，保持 50 米以上的距离。外来人员、场外运输车辆只能在管理区活动，严禁进入生产区。

▶ 生产区规划布局

生产区是奶牛场的核心。应设在管理区的下风向、粪污处理区的上风位置，要保证安全、安静。

◆ 牛舍应安排在生产区的中心，要按泌乳牛舍、干奶牛舍、产房、犊牛舍、育成牛舍的顺序排列，合理布局。

◆ 奶厅的位置应以最大限度地缩短奶牛挤奶的行走距离和减少与净道的交叉点，并便于奶车取奶为原则。

◆ 精饲料库、干草库、青贮池和草料加工车间，应设在管理区与生产区间地势较高处，并且离牛舍较近、相对集中，以兼顾饲料由场外运入，及日常取料、送料等环节。

◆ 生产区道路应与精粗饲料生产供线路、奶牛挤奶移动线路、粪便处理线路及各个建筑间的联系相吻合。脏道和净道严格分开，尽量避免交叉污染。兽医室应设在挤奶厅或产房附近，以便于常见病的及时治疗。

▶ 粪便区规划布局

粪便处理区设在生产区下风地势最低处，最好与生产区保持 100 米以上的卫生距离。大型牛场应在生产区下风处、距牛舍 300 米以上的地方单独建病牛隔离舍。

3. 牛舍建筑设计

▶ 牛舍建筑形式与结构

牛舍建筑常见的形式有单坡式、双坡式、钟楼式、圆顶式等。牛舍建筑的结构要考虑牛比较耐寒怕热的特点，我国南方牛舍建筑应主要考虑防暑问题，而北方特别是寒冷地区重点考虑防寒保暖问题。

（1）单坡式牛舍　屋顶只有一坡面，四周围墙依气温而定，寒冷地区多采用封闭式，气温较高的地区可采用半开放式或开放式（凉棚式），这种牛舍适用于奶农及奶牛养殖小区（图10-2）。

（2）双坡式牛舍　屋顶呈人字形，跨度大，牛舍四周围墙封闭程度依据当地气候而定。寒冷地区都采用封闭式牛舍，牛舍两端设门，门的大小以进出牛舍的饲喂设备而定。双坡式牛舍可利用面积大，保温防暑性能好，工程造价低，经济实用，适合大规模牛场和奶牛养殖小区使用（图10-3）。

图10-2　半开放单坡式牛舍　　　　图10-3　双坡双列式牛舍

（3）钟楼式牛舍　该牛舍是在双坡式牛舍的屋顶上加一个人字形的天窗，其他结构与双坡式牛舍相同。钟楼式牛舍通风、除湿和采光效果好，但构造比较复杂，造价较高，多用于跨度较大的牛舍，适用于大型现代化的奶牛生产（图10-4）。

（4）圆顶式牛舍　牛舍屋顶为半圆形，采用轻钢结构建筑，上面配防雨隔热材料。墙体可采用卷帘式，门窗的设置同双坡式牛舍。这种新型装配式牛舍重量轻、隔热防寒、通风除湿、抗震性能好，适用于规模化奶牛场（图10-5）。

图 10-4　钟楼式牛舍

图 10-5　圆顶式牛舍

➤ 牛舍内平面布局

目前国内奶牛饲养模式有两种，一是拴系式饲养模式，二是散栏式饲养模式。不同的饲养模式其牛舍内的布局也有所不同。

（1）拴系式牛舍内的平面布局　拴系式牛舍[①]分为单列式和双列式拴系牛舍。

①单列式：沿牛舍纵向建一排牛床，牛舍通风良好，便于散热，适合规模较小的牛场使用（图10-6）。

②双列式：沿牛舍纵向排布双排牛床，适合于中等饲养规模和跨度较大的牛舍（图10-7）。这种牛舍便于管道挤奶、清粪、查看牛群发情和生殖道疾病，但不便于机械饲喂。

①牛只平时在运动场逍遥运动，不能自由进出牛舍。刷拭、挤奶、喂草、喂料操作均在牛舍内进行。牛只在牛舍中固定床位并拴系。

图 10-6　单列式拴系牛舍布局

图 10-7　双列式拴系牛舍布局

①运动场与牛舍相通，牛舍采用密闭舍或棚舍，牛只可自由进出。在运动场四周或牛舍内设置饲槽，喂给饲草或全混日粮。

（2）散栏式牛舍内的平面布局　散栏式牛舍①分为单列式散栏牛舍和多列式散栏牛舍。

①单列式散栏牛舍：该牛舍跨度较小，舍内布局是在同一排牛舍中，沿牛舍的长轴分别建一单排奶牛休息区和饲喂区。这种布局适合规模较小的牛场使用（图10-8）。

图10-8　单列式散栏牛舍布局

②多列式散栏牛舍：按照牛床的列数分为双列式、四列式、六列式等散栏牛舍，主要用于规模较大的牛场。常用的有四列式散栏牛舍。按照牛在床位上的站位，四列式又分为四列对头式②（图10-9）和四列对尾式散栏牛舍③（图10-10）。

②四列对头式散栏牛舍布局防暑效果优于防寒，适于气温较高的地区。

③四列对尾式散栏牛舍布局不利于防暑，适于北方寒冷地区。

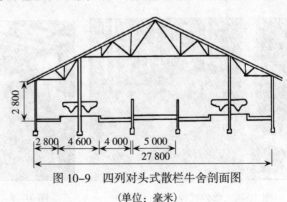

图10-9　四列对头式散栏牛舍剖面图

（单位：毫米）

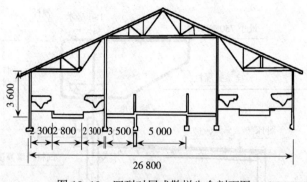

图 10-10　四列对尾式散栏牛舍剖面图

（单位：毫米）

▶ 牛舍内的主要设施

（1）**牛床**　奶牛每天约有一半的时间在牛床上度过，所以必须为奶牛设计舒适的牛床。总体是要求冬暖夏凉，干燥柔软，易于清洁消毒。拴系式牛床一般长 1.7~1.9 米、宽 1.2~1.3 米，坡度 1%~1.5%，牛床高出粪沟 5 厘米左右（表 10-3）。散栏式牛床高出通道 15~20 厘米（表 10-4），应有适当的坡度（图 10-11、图 10-12）。

表 10-3　拴系式牛床的长度和宽度

牛群种类	长度（米）	宽度（米）
成年母牛	1.7~1.9	1.2~1.3
青年牛	1.6~1.8	1.0~1.2
育成牛	1.5~1.6	0.8~1.0
犊牛	1.2~1.5	0.6

表 10-4　散栏式牛舍牛床长度和宽度

品种类型	体重（千克）	床宽度（厘米）	床长（厘米）
大型	590~725	120~128	230~250
中型	454~590	115~120	220~230
小型	317~454	100~115	200~220

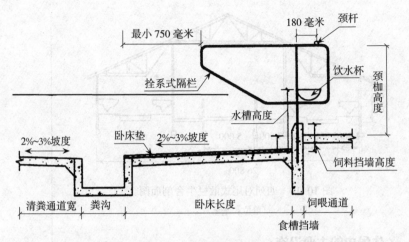

图 10-11　常见的散栏式卧栏

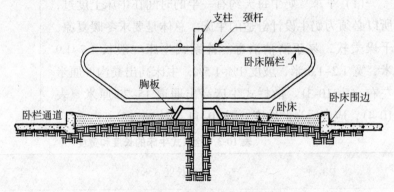

图 10-12　常见的散栏式卧栏

（2）饲槽　近年来奶牛场多采用地槽，即垫高饲喂通道 20 厘米，使槽底高出地面 15~20 厘米，比饲喂通道略低（图 10-13）。

（3）饮水设施　拴系式饲养模式牛舍内可在饲架上设碗式自动饮水器，散栏饲养可在牛舍两端设饮水槽或自动饮水器，运动场建自动饮水槽（图 10-14）。

（4）颈枷[1]　作用是控制牛的颈部活动。颈枷多采用钢管制成，即自动锁颈枷（图 10-15、图 10-16）。便于对牛进行饲喂、注射、直肠检查等。

[1]颈枷多采用钢管制成，便于对牛进行饲喂、注射、直肠检查等。

图 10-13　牛舍地槽饲喂

图 10-14　自动饮水槽

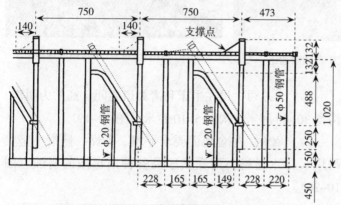

图 10-15　自动锁颈枷尺寸图
（单位：毫米）

图 10-16　牛自动锁颈枷

（5）饲喂及清粪通道　采用人工上料的饲喂通道宽度为 1.5~2 米，机械上料的通道宽 3.6 米以上，通道高出地面 15~20 厘米（图 10-17）。

清粪通道也是奶牛进出的通道，比牛床略低，地面粗糙防滑。拴系式宽度 1.6~2 米，散栏式为 2~2.8 米（图10-18）。

图 10-17　散栏式牛舍饲喂通道

图 10-18　散栏式牛舍清粪通道

（6）粪尿沟　设在牛床和清粪道之间，通常为明沟，沟宽 30~40 厘米、沟深 5~10 厘米（图 10-19）。

（7）地面　牛舍地面要求平坦、干燥、防滑、坚实耐用、排水通畅，耐受粪尿及各种消毒液的腐蚀（图10-20）。

图 10-19　牛舍的粪尿沟

图 10-20　牛舍地面做防滑处理

▶ 不同种类牛舍建筑设计

（1）成年牛舍设计　成年牛是奶牛场中所占比例最大的牛群，一般占整个牛群的 50% 左右，成年牛舍设计的合理与否，直接关系成年牛尤其是泌乳牛群的健康和产奶量。设计时首先要满足采食位和卧栏位的适当比例，最好是 1：1，这样能有效缓解奶牛的采食竞争，降低牛群中位次的影响。

（2）育成牛、青年牛建筑设计　青年牛与育成牛舍卧床数一般为存栏青年牛头数的 1.1 倍。青年牛与育成牛舍的设计，除了卧栏的尺寸和成年牛不同外，其他均相同。一般情况下，青年牛的卧栏宽为 1.0~1.1 米，卧栏的长度由青年牛从卧床上站立时，前冲方式决定，正前冲时的卧栏长为 2.2~2.4 米，侧前冲时为 2.0~2.1 米。育成牛卧栏宽度为 0.8~1.0 米，卧栏长度为 1.6~2.0 米。

（3）犊牛舍建筑设计　犊牛舍即流行的犊牛岛。它是在室外单栏饲养犊牛的设施。规范化牛场应建专用的犊牛舍，设置犊牛栏，目前常见的犊牛舍有移动式犊牛舍（栏）① 和固定式犊牛舍（栏）② （图 10-21、图 10-22）。

①移动式犊牛舍（栏）是由玻璃钢、木材等制成（图 10-21）。每个移动式犊牛栏间距 1.3 米。其优点是减少了牛舍投资，避免疾病的交叉感染，目前已被大型奶牛场广泛采用。

②多用砖和水泥建成，每个犊牛舍都连在一起（图 10-22）。犊牛舍的位置应靠近产房的上风，要求地势高燥，冬季背风向阳，夏季通风良好。

图 10-21　移动式犊牛舍（栏）

图 10-22　固定式犊牛舍（栏）

（4）产房的建筑设计 产房的结构和牛床、食槽等与成母牛舍相同，但产房的产圈需要单独设立。一般产间长6米、宽4米，墙角建一个高30厘米的饲槽，安装饮水设备。产房内牛床数可按成母牛数的10%设计，产间规模按成母牛数的5%设计。

4. 奶牛场的配套建筑

▶ 防疫消毒设施

牛场四周应建围墙，有条件的也可修建防疫沟或种植树木形成隔离带。牛场大门和生产区入口应设入场车辆的消毒池及入场人员的消毒通道。一般消毒池长不少于4米，宽不少于3米，深15厘米左右。人员消毒通道设为S形，屋顶安装紫外线灯。

▶ 运动场

运动场一般紧挨牛舍建设（图10-23、图10-24），运动场建筑面积为牛舍建筑面积的3~4倍，不同牛群运动场面积参数见表10-5。

①在运动场靠近路边的围栏附近设水槽和补饲槽，水槽宽0.5~0.7米、深0.4米，长度可按每头奶牛0.15~0.2米计算，并在水槽旁边设立矿物质补饲槽（图10-24），让其自由采食。

图 10-23 运动场　　图 10-24 运动场的饮水槽①

表 10-5 牛群运动场建筑参数

牛 群	每头牛占面积（米²）
成母牛	25~30
青年牛	20~25
育成牛	15~20
犊牛	10

➤ 挤奶厅

挤奶厅是散栏饲养方式下奶牛集中挤奶的场所。挤奶厅的建筑包括：待挤圈、挤奶间、储奶间、机房、化验室等。挤奶台分为坑道式挤奶台（图 10-25）和转盘式挤奶台（图 10-26）。

奶牛挤奶栏位数量一般按上机奶牛头数的 8%~10% 计算，储奶间大小以储奶罐的大小而定。挤奶厅的地面要防滑。

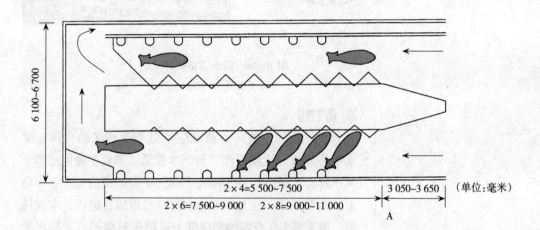

2×4=5 500~7 500   3 050~3 650   （单位：毫米）

2×6=7 500~9 000   2×8=9 000~11 000

A

B

图 10-25　坑道式挤奶台

A.平面图　B.实景

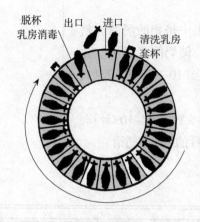

脱杯
乳房消毒　出口　进口　清洗乳房
套杯

A　　　　　　　　B

图 10-26　转盘式挤奶台
A.平面图　B.实景

▶ 青贮窖

　　青贮窖的位置一般放在生产区和管理区结合部，要求地势高燥、土质坚硬、地下水位低、靠近牛舍但远离水源和粪坑。青贮窖（图 10-27、图 10-28）分为地上、半地上、地下三种。地上、半地上窖一般以砖石砌成，水泥抹面。地下窖多在夯实的窖壁铺上一层塑料薄膜。青贮窖的容积根据奶牛的饲养量、年青贮饲喂天数、日喂量而定。

图 10-27　地上青贮窖　　　　　图 10-28　地下青贮窖

十一、奶牛场粪污①无公害处理

目标
- 了解奶牛粪污的处理方法
- 掌握基本的奶牛粪污处理方法

奶牛个体粪便排泄量在家畜中是最多的，成年母牛一昼夜排粪量多达 30 千克，占日采食总量的 70%左右，一昼夜排尿量约为 22 千克，占饮水总量的 30%左右。成年牛 1 年的排粪量多达 11 吨，排尿量多达 8 吨。奶牛养殖小区和奶牛场要根据自身的实际情况积极推广高温堆肥还田、粪便固液分离和利用厌氧发酵生产沼气等先进实用技术，提高科学处理和利用奶牛粪便的水平。通过处理既可杀灭粪便中的病原微生物，达到无公害处理的目的，又可提供优质有机肥料，减少或不施化肥，改良土壤，提高农产品质量；还能开发生物能源，生产沼气，用于农村生产和生活，缓解农村能源的不足。对农村建设资源节约型和环境友好型社会具有重要作用。

奶牛粪便的无公害化处理主要体现在：
- ◆ 肥料利用；
- ◆ 能源利用（沼气）；
- ◆ 生物利用；
- ◆ 饲料利用。

①牛场粪污主要是指奶牛排泄物的混合物，包括未消化的饲料、身体的代谢产物和垫草等。

1. 肥料利用

家畜粪尿是优良的有机肥料，在改善土壤理化性状、提高肥力方面具有化肥不能代替的作用。

▶ 药物处理后直接施用

在急需用肥的季节或在血吸虫病、钩虫病流行的地区，为了在短时间内使粪肥达到无害化，可采用药物处理。

（1）常用的药物　敌百虫、尿素（化肥尿素）、硝酸铵、野生植物（如马蓼草、鬼柳树叶、闹羊花等）。

（2）直接施用　又叫土地还原法，施肥量每公顷7.5~9.0吨。

▶ 腐熟堆肥法①

（1）处理工艺流程　见图11-1。

①腐熟堆肥法是使粪和垫草等固体有机废弃物按一定比例堆起来，在微生物作用下，进行生物化学反应而自然分解，随着堆内温度升高，杀灭其中的病原菌、虫卵和蛆蛹，达到无害化处理，并成为优质肥料的方法。

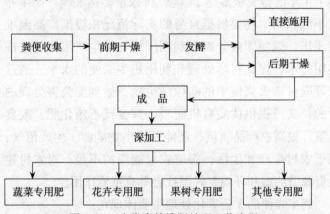

图11-1　牛粪腐熟堆肥处理工艺流程

（2）常用方法　包括平地堆肥法、大棚发酵法和快速塔式发酵法。

①平地堆肥法：适于气温高、雨量多、湿度大、地下水位高的地区或夏季积肥。堆前选择地势较干燥而平坦、靠近水源、运输方便的地点堆积。堆宽2米、堆高1.5~2米，堆长以材料数量而定。堆置前先夯实地面，再

铺上一层细草或草炭以吸收渗下的汁液。堆置约 1 个月，翻捣一次，再根据堆肥的干湿程度适量加水，再堆置 1 个月左右、再翻捣，直到腐熟为止。堆肥腐熟的快慢随季节而变化，夏季高温多湿，堆肥一次需 2 个月左右，冬季需 3~4 个月可以腐熟。

②大棚发酵法：棚内由若干个槽并列组合，置于封闭或半封闭的发酵房中（图 11-2、图 11-3）。发酵房顶棚采用透光材料，以充分利用太阳能。发酵槽底部埋设

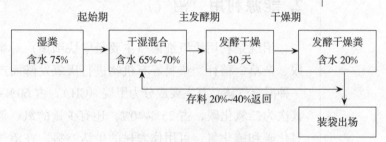

图 11-2　大棚发酵法流程图

通气管，物料填入后采用高压送风装置定时强制通风，以保持槽内通气良好，促进微生物迅速繁殖。采用铲车或专用发酵翻堆设备定期翻动，一般每天翻动搅拌 1 次。经过 30 天左右发酵，温度由最高时的 80℃逐步下降至稳定，即已腐熟。

③快速塔式发酵法：发酵塔为矩形塔（图 11-4），

图 11-3　大棚发酵设备、设施

图 11-4　快速塔式发酵设施

内部为分层结构，层数可根据需要设定，上下通风透气、体积可大可小，多个塔可组合成塔群。有机废弃物被提升到塔的顶层，通过自动翻板定时翻动，物料随之落到下层。按照设定的发酵时间发酵物料落到底层，发酵过程结束。塔式发酵采用钢质翻板，长期浸泡在含有腐蚀性物质的有机废物中，易生锈，影响发酵塔的使用寿命。

2. 能源利用（沼气）

沼气是利用厌氧细菌（主要是甲烷细菌）对奶牛粪尿、杂草、秸秆、垫料等有机物进行厌氧发酵而产生的一种混合气体。其主要成分为甲烷（CH_4），占60%~70%，其次为二氧化碳，占25%~40%，还有少量的氧、氢、一氧化碳和硫化氢，可用作农村的生活燃料。在沼气生产过程中，因厌气发酵可杀灭病原微生物和寄生虫。发酵

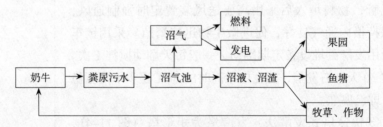

图11-5　奶牛粪尿厌氧发酵利用生态系统

后的沼渣是很好的肥料（图11-5）。

➤ 人工制取沼气的基本条件

（1）沼气池　是与空气隔绝的厌氧装置，保证沼气微生物生活在严格的厌氧环境中，同时便于收集和贮存沼气。

（2）沼气微生物　是沼气的生产者，是一些种类繁多、习性各异的专性和兼性的细菌，存在于沼气池、粪

坑、池塘的料液残渣、粪便、污泥和牛粪中。这类物质称为接种物,是沼气池首次投料的必备原料。

(3) 发酵原料 能够被沼气微生物分解利用的有机物。主要是粪便、农作物的秸秆、青饲料、杂草等。

(4) 技术条件 物料与水的比例为1:1、碳氮比例为25:1,温度以20~30℃为宜,pH 7~8.5,经常进行进料、出料和搅拌池底。

▶ **沼气池构造**

其主要组成部分为:进料口、出料口、水压酸化池、发酵主池、储气箱、活动盖、贮水圈、导气管、回流管、出肥间和搅拌出料器等(图11-6)。

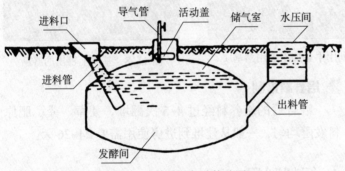

进料口　导气管　活动盖　储气室　水压间

进料管　　　　　　　　　　　出料管

发酵间

图11-6 简易沼气池构造图

▶ **沼气的用途**

◆ 燃料:每立方米可产热20.92~27.2千焦。

◆ 发电:每立方米沼气可发电1.5度,1 000头存栏奶牛场配40千瓦。

◆ 照明

3. 生物利用

牛粪可作为生产食用菌的基质,生产各类食用菌。同时,利用后的基质可加工有机肥料。

▶ 牛粪制作食用菌基质配比

　　晒干牛粪 500 千克，稻草 750~1 000 千克，尿素 5~7 千克（或复合肥 5~6 千克加尿素 1.5~2 千克），过磷酸钙 20~40 千克（包括复土），石膏 15~20 千克，福尔马林 1 千克，敌敌畏 0.5 千克。以上配方可供栽培 50 米^2（图 11-7、图 11-8）。

图 11-7　利用牛粪加工食用菌基质

图 11-8　基质上种出的蘑菇

▶ 培养料堆制

　　混合后的培养料经过 4~5 次翻堆，使草、粪、肥原料发酵均匀，一般从建堆到进房使用需要 24~26 天。

4. 饲料利用

▶ 牛粪的饲用价值

　　奶牛是反刍动物，采食的饲料经牛瘤胃微生物发酵分解，一部分营养物质被吸收利用；另一部分营养物质中包括被单胃动物利用的蛋白质、微生物及瘤胃液则被排出体外。经测定，干牛粪中营养成分包括：

◆ 粗蛋白：10%~20%。

◆ 粗脂肪：1%~3%。

◆ 无氮浸出物：20%~30%。

◆ 粗纤维：15%~30%。

牛粪用作饲料的加工

见图 11-9。

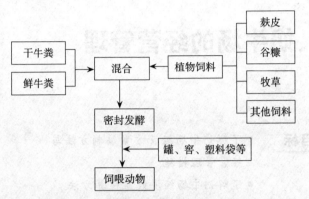

图 11-9　牛粪用作饲料的加工流程图

牛粪饲料添加量

（1）喂猪　种猪和仔猪一般不宜使用牛粪饲料，主要用于育肥猪，日粮添加量以 10%~15%为宜。牛粪中含粗纤维较多，因此，要逐渐增加喂量，不宜添加过多。

（2）喂鸡　鸡日粮中添加牛粪的量，可用牛粪完全替代苜蓿草粉，其饲喂效果与等量苜蓿草粉相同。

（3）喂牛、羊　发酵牛粪可在牛、羊的日粮中添加50%。

十二、奶牛场的经营管理

目标
- 了解奶牛场经营方案编制方法与经营管理措施
- 了解奶牛场经济效益核算方法

牛场的经营管理是牛场管理的核心，是运用科学的管理方法、先进的技术手段，统一指挥生产，合理地优化资源配置，大幅度提升牛场的管理水平，节约劳动力，降低成本，增加效益。使其发挥最大潜能，生产出更多的产品，以达到预期的经济效益和社会效益。

1.产前决策

奶牛养殖由于生产周期长、资金投入大、养殖环节复杂、技术含量高等特点，造成其投资经营难度较大。因此，投资奶牛养殖需持谨慎态度，在充分做好各项影响因素调研的基础上做出正确的投资决策方案。

▶ 市场调查

（1）国家政策① 如：《全国畜牧业发展第十二个五年规划（2011—2015年）》《2016—2021年中国奶牛养殖行业市场调研与投资战略规划分析报告》《全国奶业发展规划（2009—2013年）》《全国奶牛优势区域布局规划（2008—2015年）》《畜禽养殖业污染物排放标准

①目的：发展符合国家政策要求和政策扶持的产业发展方向，避免重复建设和缺乏市场竞争力产品生产，争取相关国家扶持资金投入，提升生产经营综合实力。

(GB 18596—2001)等。

(2) 地方政策　如《天津市污染源排放口规范化技术要求》《2011年安徽省奶牛补贴和扶持政策》《黑龙江省促进奶业健康发展四项措施》等。

(3) 资源配套情况

◆ 养殖场地　奶牛场占地面积按每亩土地10头规模计算。

◆ 草料供给　以干物质计，每头奶牛平均每年消耗饲草饲料14吨(粗精各半)。特别考虑是否能够满足粗饲料的就地供给，如用于青贮饲料制作的玉米秸秆。

◆ 气候环境　对当地气象因素和气象资料要有基本的了解。是否存在极端天气的经常发生，特别是不利于奶牛饲养的湿、热环境因素。场地选址是否利于疫病防控等。

◆ 基础配套　调查场址交通、电力、水利、通信等设施是否齐全便利。

▶ 市场预测

根据行业目前的基础和未来的发展趋势，分析企业的内部及外部环境。进行优劣势分析，可了解企业的优势、劣势、机会和威胁，为正确的决策提供依据。

例如，某投资者投产前用SWOT调查分析法对当地资源进行了分析(表12-1)。

表 12-1　奶牛养殖场投资前 SWOT 调查分析举例

内部环境		外部环境	
优势	1. 充足的符合奶牛养殖场建设的用地； 2. 充足的资金来源； 3. 拥有专业对口、门类齐全的奶牛养殖团队； 4. 水、电、交通、通信条件便利； 5. 具有国内一流的奶牛种质资源和充足的饲料资源	机会	1. 国家和地区对奶业大力扶持； 2. 广阔的产品销售市场； 3. 国内大专院校、科研机构对奶牛养殖场技术支持

（续）

内部环境		外部环境
劣势	1. 奶牛养殖投资回收期长、见效慢、效益低； 2. 招募符合奶牛养殖需要的劳动力困难； 3. 技术服务体系不健全	威胁	1. 奶品安全事件频发，影响消费信心； 2. 奶牛疫病风险增加； 3. 原材料和产品市场不规范； 4. 环境压力加剧

从内部环境看，该投资者所具备的优势大于劣势。从外部环境看，有机会，也有威胁，要从两个方面趋利避害：一是与大专院校、科研机构密切合作，加大员工培训，提升自主创新能力，形成核心竞争力；二是争取上级单位和各级政府政策、资金支持，加大基础设施设备投入，完善产品质量控制体系，做好品牌建设。

2.经营计划的编制与管理

经营计划内容

（1）经营规模　依据各种资源状况确定奶牛饲养头数[①]。

（2）经营目标

◆ 技术指标　如繁殖率、淘汰率、犊牛成活率等。

◆ 经营指标　如年单产、牛奶千克成本、头年盈利额等。

◆ 生态指标　如场区绿化覆盖率、"三废"排放达标率等。

（3）制度建设

◆ 门卫管理制度。

◆ 职工管理守则。

◆ 卫生防疫与消毒制度。

◆ 饲料使用控制措施及制度。

◆ 兽药使用控制措施及制度。

①奶牛场规模划分：以成年母牛头数为准，>800 头为大规模牛场、400~800 头为中规模牛场、200~400 头为小规模牛场。

◆ 挤奶厅操作制度。

◆ 生鲜牛乳冷却、贮存与运输管理制度。

◆ 场长岗位职责。

◆ 配种员岗位职责。

◆ 兽医岗位职责。

◆ 饲养员岗位职责。

◆ 财务管理制度。

（4）生产记录档案　奶牛主要相关生产记录档案见表 12-2 至表 12-7。

表 12-2　月牛群周转计划

牛群种类	期初存栏	增加（头数）				减少（头数）				期末存栏头数年平均头数	备注
		出生	调入	购入	转入	调出	转出	淘汰	死亡		
成母牛											
青年牛											
育成牛											
犊母牛											
犊公牛											

表 12-3　育成牛群动态表

牛号	品种	出生日期	转入日期	配种日期	预产期	转出日期	淘汰出售	死亡

表 12-4　母犊牛群动态表

牛号	品种	出生日期	转出日期	出售日期	淘汰出售	死亡原因

表 12-5 牛群配种产犊计划表

月份头数项目			1	2	3	……	10	11	12	总计
本年度实际情况	配种	成年母牛								
		育成母牛								
		共计								
	产犊	成年母牛								
		育成母牛								
		共计								
下年度计划	配种	成年母牛								
		育成母牛								
		共计								
	产犊	成年母牛								
		育成母牛								
		共计								

表 12-6 配种产犊记录

牛号	上胎305天泌乳量（千克）	最后一次产犊日期	配种					预产日期	实际产犊日期	营养状况
			与配公牛	预定配种日期	实际配种日期					
					第一次	第二次	第三次			

表 12-7 成年母牛牛群动态表

牛号	品种	出生日期	胎次	上胎305天泌乳量（千克）	本胎产犊日期	配种日期	预产期	干乳日期	备注

经营计划管理

（1）考核指标

◆ 生产指标　年平均产奶量、乳蛋白率、乳脂率、后备母牛初配月龄、成母牛被动淘汰数、平均胎次及犊牛成活率等。

◆ 繁殖指标　胎间距、情期受孕率、产后100天配种率、配种后60天直肠检查妊娠率、产活母犊率及繁殖率等。

◆ 健康指标　体细胞数、临床乳房炎发病率、流产率、真胃变位率、胎衣不下率及酮体阳性率。

◆ 经营指标　奶料比、牛奶千克成本、人均创产值及头均毛利润等。

（2）管理措施

◆ 组织架构　合理的组织架构和责任分工是绩效管理的基础和前提，见图12-1。

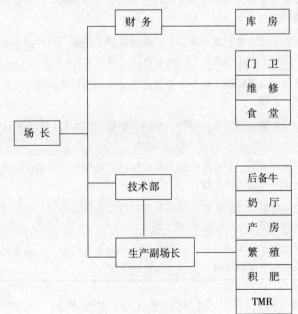

图 12-1　奶牛场组织分工框架

◆ 劳动组织　生产经营目标任务要层层分解到最小劳动组织。牛场各月工作管理要点见表 12-8。

表 12-8　牛场各月工作管理要点

1 月	调查牛群的年龄、怀孕月份、胎次分布、膘情、健康状况等摸清底数指导工作；做好防寒保暖工作尤其要注意弱牛、妊娠牛和犊牛的安全越冬；舍内要勤换垫草、勤除粪尿保持清洁干燥，防止寒风侵袭；尽可能饮温水，采取措施保证高产、稳产
2 月	继续搞好防寒越冬，积极开展春季防疫、检疫工作
3 月	从环境到牛舍进行彻底清扫、消毒；抓住时机搞好植树造林、绿化牛场工作
4 月	加强管理，安排好饲料，防止发生青绿饲料中断现象；做好饲草料变动过渡，以免发生消化失调、腹胀，以提高产奶量和促进幼牛生长发育；繁殖母牛驱虫；安排奶牛修蹄
5 月	检查干草贮存情况，露天干草要垛好、封泥，防止雨季到来被淋湿而发生霉烂变质；在地沟和低湿处洒杀虫剂、消灭蚊蝇；天气转热，注意牛奶及时冷却，防止酸败
6 月	天气日渐炎热，要做好防暑降温的准备工作；开始饲喂青绿饲料，日粮要随之变更，逐渐减少精料定量
7 月	全年最热时期，重点工作应放在防暑降温上，做到水槽不断水，运动场不积水，日粮要求少而质量好，给牛创造一个舒适的条件，力争暑天不降奶
8 月	雨季来临，除继续做好防暑降温工作外，要注意牛舍及周围环境的排水，保持牛舍、运动场清洁、干燥
9 月	检修青饲切割机和青贮窖，抓紧准备过冬的草料，制作青贮饲料，调制青干草
10 月	继续制作青贮。组织好人力、物力集中精力在较短时间内保质、保量地完成青贮饲料工作；加强不孕牛的治疗工作
11 月	从本月下旬开始正常配料；做好块根饲料胡萝等贮存工作；繁殖母牛群秋季驱虫
12 月	总结全年工作，制定下年的生产计划；做好防寒工作，牛舍门窗、运动场的防风墙要检修。冬季日粮要进行调整，适当增加精料喂量

◆ 指标设定　要依据历史记录，既要积极，又要可靠，要有群众基础，可被基层劳动者接受。

◆ 绩效考核 要奖惩分明、说话算数、取信于员工，做到公平、公正、公开，达到鼓励进步、奖励突出的目的。

◆ 定期分析 总结广泛听取意见，不断提升管理水平，推进相关目标实现和效益最大化。

3.奶牛场经济效益核算

▶ 成本核算要素

奶牛场会计核算方法，不同时代有不同的归账方式，但万变不离其宗。即利润 = 产值收入 – 成本支出。其成本核算要素构成通常如下：

（1）收支类科目

◆ 收入类 包括牛奶收入、淘汰牛收入、粪肥收入、贷款及暂收款等。

◆ 支出类 饲料费、能源费、管理费、治疗费、配种费、人工费、运费、折旧费、用具费、税金、财务费、暂付款、集体提留及公益支出等。

（2）结存类科目

◆ 现金。

◆ 银行存款。

◆ 固定资产。

◆ 库存。

◆ 其他。

▶ 奶牛场成本核算

（1）奶牛场产值构成

奶牛场产值即收入，其构成如下：

◆ 牛奶产值 期内牛奶总产量×牛奶期内平均售价。

◆ 淘汰牛产值

期内淘汰成母牛数量×淘汰平均价格。

期内淘汰后备牛数量×淘汰平均价格。

期内淘汰小公牛数量×淘汰平均价格。

牛粪出售总数量×牛粪单价。

（2）奶牛场成本构成

在此处奶牛场成本即支出，构成如下：

◆ 牛奶成本　成母牛人工工资、饲料费、折旧费、能源燃料费、奶牛摊销、低值易耗、冻精费、兽药费、成母牛设施设备修理费、管理费分摊、财务费分摊和营业费分摊。

◆ 淘汰牛成本

期内淘汰成母牛平均成本×成母牛数量。

期内淘汰后备牛平均成本×后备牛数量。

期内淘汰小公牛平均成本×小公牛数量。

◆ 牛粪　期内牛粪数量×牛粪单位成本。

（3）奶牛场利润

奶牛场利润＝收入（产值）－支出（成本）

▶ 提高奶牛场经济效益的措施

奶牛场能否获得更好的经济效益，除有关经济政策以外，奶牛场的布局设计、资源条件、规模、组织结构、管理制度都是经营好奶牛场的先决条件。此外，为提高奶牛经济效益，还应考虑以下几个方面：

（1）引进优秀公牛，改良牛群质量

◆ 按综合育种值(TPI)选择优秀种公牛。

◆ 特别关注公牛不良遗传性状，如乳房评分、体躯容积、长寿性等。

◆ 为达到牛群整齐度，在不近亲交配的情况下，尽量减少与配公牛数量。

◆ 淘汰遗传性状不好的奶牛及后代。

（2）强化牛群繁殖管理，提高繁殖水平

◆ 追求高水平的繁殖目标，如成母牛年平均繁殖率

80%以上，24 月龄以内转群率 95%以上。

◆ 培养专职的人工授精技术员，并有适当的激励政策。

◆ 充分发挥 B 超仪在早期妊娠检查及产科疾病诊断等方面的作用。

◆ 引进电子检测奶牛发情设备。

◆ 加强繁殖技术交流，提高技术水平。

(3) 重视牛群健康管理

◆ 平衡日粮、规范的乳房护理程序、正确的产后护理程序以及护蹄修脚综合防治方法解决瘤胃、乳房、生殖系统、肢蹄健康问题。

◆ 落实科学的防疫措施，切断传染途径、杜绝传染源有效保护易感动物，如有效的消毒、确切的免疫和定期的监测。

◆ 严格执行检疫净化方案，不可自欺欺人。

◆ 明确防控对象结核病、口蹄疫、布鲁氏菌病、牛传染性鼻气管炎、牛病毒性腹泻病、流行热等疾病。

(4) 提高单产　成母牛平均单产是增加经济效益的主要途径，也是重要的技术经济指标。要提高单产除与品种、繁殖、营养密不可分以外，还要注意以下几点：

◆ 牛群更新率控制在 15% ~ 25%。

◆ 提高奶牛舒适度。奶牛对温度、湿度、气压、光照、运动、饮食都比较敏感，任何不适都影响产奶量及健康。

◆ 合理分群，科学调控奶牛膘情。

◆ 强化奶牛健康管理。

(5) 降低饲料成本　一般粗饲料成本占全部成本的 60%以上，饲料费用的高低直接影响经济效益。

◆ 利用软件科学评估饲料性价比，选择使用性价比高的饲料。

◆ 严格执行奶牛各阶段饲养标准。

◆ 由专业营养师设计日粮配方。

◆ 根据精料类、青贮类、干草类的特点，科学存储饲料，减少饲料浪费和降低饲料成本。

(6) 提高全员生产效率

◆ 精简队伍，增加技能培训、提高员工待遇水平。

◆ 加大设施设备投入，扩大自动化、机械化作业范围。

◆ 适度扩大饲养规模。

◆ 利用好社会化职业分工，适度购买物化劳动和短期劳动。

(7) 重视记录与记账工作　簿记是经营工作的一面镜子，通过对账簿中资料的统筹分析，不断总结经营过程中的优缺点，扬长避短。奶牛场记录与簿记，一般有以下几种：

◆ 财产记录　固定资产、流动资产和现金等。

◆ 劳动记录　固定工、临时工、机械动力出力等。

◆ 饲料记录　奶牛每天、每月消耗各饲料量及价格。

◆ 生产记录　产奶记录、繁殖记录、奶牛转群记录。

◆ 奶牛疫病及防治记录。

参 考 文 献

〔美〕简·胡曼，米歇尔·瓦提欧.2004.泌乳与挤奶［M］.石燕，施福顺，译.北京：中国农业大学出版社.

〔美〕米歇尔·瓦提欧.2004.繁殖与遗传选择［M］.石燕，施福顺，译.北京：中国农业大学出版社.

〔美〕米歇尔·瓦提欧.2004.饲养小母牛［M］.石燕，施福顺，译.北京：中国农业大学出版社.

〔美〕米歇尔·瓦提欧.2004.营养和饲喂［M］.石燕，施福顺，译.北京：中国农业大学出版社.

白杉.2003.牛场的建设与规划［J］.农业科技与信息（4）.

邓先德，程勤阳.2008.舍饲环境对奶牛蹄病影响的研究进展［J］.农业工程学报（4）.

冯仰廉，陆治年.2007.奶牛营养需要和饲料成分［M］.北京：中国农业出版社.

傅润亭，樊航奇.2006.无公害奶牛标准化生产［M］.北京：中国农业出版社.

何其多，顾元英.2003.我国奶牛舍建筑与环境控制的发展方向［J］.中国奶牛（2）.

黄应祥.2003.奶牛养殖与环境监控［M］.北京：中国农业大学出版社.

李英.2004.目标养牛新法［M］.北京：中国农业出版社.

李媛，汪德众，张海琨.2004.控制牛舍环境应注意的问题［J］.吉林畜牧兽医（10）.

利明，史彬林.2009.奶牛舍的环境控制与牛体卫生管理［J］.当代畜禽养殖业（4）.

林梓，边守义，郭时潮.1999.牛舍、运动场等环境因素对黑白花奶

牛变形蹄的影响 ［J］.家畜生态学报（1）.

刘继军，贾永全.2009.畜牧场规划设计 ［M］.北京：中国农业出版社.

刘延鑫，刘太宇，邓红雨.2006.规模化牛场环境污染的综合防治 ［J］.中国奶牛（4）.

刘延鑫，刘太宇.2006.牛场环境污染的管理对策 ［J］.畜牧与饲料科学（2）.

田雪，曲海波.2008.论牛舍环境和牛体卫生对原料奶微生物数量的影响 ［J］.科技创新导报（14）.

田振洪，孙国强.2004.工厂化奶牛饲养新技术 ［M］.北京：中国农业出版社.

王恩玲.2005.山东奶牛场的牛舍设计及环境控制 ［D］.北京：中国农业大学硕士论文.

王加启.2006.现代奶牛养殖科学 ［M］.北京：中国农业出版社.

王俊东，刘岐.2003.奶牛无公害饲养综合技术 ［M］.北京：中国农业出版社.

岳文斌，杨修文.2003.奶牛养殖 ［M］.北京：中国农业出版社.

张学炜，李德林.2014.规模化奶牛场生产与经营管理手册 ［M］.北京：中国农业出版社.

张沅，王雅春，张胜利，主译.2007.奶牛科学 ［M］.北京：中国农业大学出版社.